DAIRYMAN 臨時増刊号

哺乳・育成 Q&A

自分でつくる搾乳後継牛

企画協力 菊地 実

デーリィマン社

目次

哺乳・育成 Q&A　自分でつくる搾乳後継牛

企画協力　菊地　実

離乳～育成期

表紙イラスト・野島　理

読者の皆さまへ

乳牛が、健康で扱いやすく、期待に沿った働きをするなら、酪農経営はさらに充実したものになるはずです。しかし、病気はなかなか減らず、繁殖や乳生産に問題を抱えている酪農家が多いのが現状のようです。

乳牛としての働きを決めるのは、生まれてからの数カ月間の管理にあるといわれます。安定した乳生産に貢献する後継牛を確保するためには、この重要な時期に適切な管理を施し、いかに丈夫に育てるか―にかかっています。初乳給与や離乳など、基本的な事項以外にも、条件の違いなどにより判断に迷うさまざまな問題が多くあります。

本書は、子牛の出生から受胎までの管理上の疑問に答えたものです。質問項目は、北海道立畜産試験場技術普及部主任専門技術員の菊地実さんに協力をいただき、酪農現場の声を反映したものとなっています。

本書を特に、哺乳・哺育作業を担当することの多い女性の方に活用いただけるよう願っています。

デーリィマン編集部

執筆・回答者（50音順・敬称略）

企画協力：菊地　実　北海道立畜産試験場技術普及部主任専門技術員

芦沢めぐみ　群馬県・(有)ROMデーリーアシスト
阿部　紀次　北海道・(有)トータル・ハード・マネージメントサービス
池田　辰也　長崎県・島原農業改良普及センター農業技術課係長
犬飼　厚史　北海道・檜山農業改良普及センター檜山北部支所専門普及員
上田　和夫　北海道立根釧農業試験場研究部乳牛飼養科研究職員
漆山　芳郎　山形県農業共済組合連合会第２事業部診療技術課長
大坂　郁夫　北海道立根釧農業試験場研究部乳牛飼養科長
大塚　浩通　北里大学獣医畜産学部大動物内科学研究室講師
沖田　和樹　北海道・檜山農業改良普及センター檜山北部支所専門普及員
海田　佳宏　北海道・網走農業改良普及センター清里支所専門普及員
川本　哲　北海道立畜産試験場畜産工学部代謝生理科長
菊地　実　北海道立畜産試験場技術普及部主任専門技術員
草刈　直仁　北海道立根釧農業試験場研究部乳牛繁殖科長
工藤　智弘　北海道・釧路農業改良普及センター中西部支所専門普及員
齋藤　昭　全国酪農業協同組合連合会購買部酪農生産指導室主任研究員
佐竹　直紀　北海道・(有)トータル・ハード・マネージメントサービス
佐藤　繁　宮城県農業共済組合連合会県南家畜診療センター所長
高橋　圭二　北海道立根釧農業試験場研究部主任研究員兼酪農施設科長
高橋　俊樹　青森県・十和田家畜保健衛生所主査
原　仁　北海道立根釧農業試験場研究部経営科長
平井　綱雄　北海道立畜産試験場畜産工学部感染予防科長
松田　敬一　宮城県農業共済組合連合会中央家畜診療センター技術主査
茂呂　勇悦　岩手県農業研究センター畜産研究所家畜飼養研究室主任専門研究員
安富　一郎　北海道・遠軽地区農業共済組合中央家畜診療所
山口　剛　群馬県・(有)ROMデーリーアシスト

第1章 搾乳後継牛確保の重要性

第１章　搾乳後継牛確保の重要性

経営上の位置付けと外部要因

原　　仁

除籍牛の平均産次と確保すべき後継牛頭数

酪農経営では疾病・事故などにより毎年搾乳牛の何割かが更新されています。㈳北海道酪農検定検査協会の平成18年１月の北海道全体の牛群検定成績によれば、除籍理由は繁殖障害（17.8%）、乳房炎（15.5%）、運動器病（9.3%）などが多くなっています。また、除籍牛の牛群平均産次は3.6です。牛群平均産次は、疾病・事故などによる淘汰が多い経営や積極的な増頭を行っている経営では短くなります。

表１は除籍牛の平均産次と確保すべき後継牛頭数を示したものです。経産牛100頭規模で見ると平均産次が2.5の場合は後継牛が40頭も必要となり、平均産次が4.5の場合は22頭と少なくて済みます。

2　牛群の分娩状況と産出される後継牛

次に、牛群の分娩状況が産出される後継牛に与える影響について見てみます。先の牛群検定成績では北海道の平均分娩間隔は14.1カ月となっています。

表２は平均分娩間隔と育成雌（１～12歳）の関係を示したものです。平均分娩間隔が

表１　除籍牛の平均産次と後継牛頭数

平均産次	後継牛頭数
2.5	40
3.0	33
3.5	29
4.0	25
4.5	22

注：１）経産牛100頭規模として試算した
　　２）後継牛頭数＝経産牛頭数÷平均産次

表２　牛群平均分娩間隔と年間分娩頭数

平均分娩間隔	年間分娩頭数	育成雌（１～12歳）
13.0	92	44
13.5	89	42
14.0	86	41
14.5	83	39
15.0	80	38

注：１）経産牛100頭規模として試算した
　　２）事故率を５%として試算した
　　３）年間分娩頭数＝経産牛頭数×12÷平均分娩間隔
　　４）育成雌＝年間分娩頭数×（１－事故率）÷２

表３　初産牛の平均分娩月齢と育成牛頭数

初産牛分娩月齢	育成雌 １～12カ月	育成雌 13～24カ月	育成雌 25カ月～	育成雌 計
24	41	41	0	82
25	41	41	3	85
26	41	41	7	89
27	41	41	10	92
28	41	41	14	96
29	41	41	17	99
30	41	41	21	103

注：１）経産牛100頭規模として試算した
　　２）子牛事故率を５%、平均分娩間隔14カ月として試算した

表4　経産牛の繁殖状況、育成牛の飼養状況が経営に及ぼす影響

平均産次(産)	平均分娩間隔(カ月)	初産牛の分娩月齢(カ月齢)	初生雄(販売)(頭)	育成雌1～12(頭)	育成雌13～24(頭)	育成雌25～(頭)	育成雌計(頭)	経産牛廃用(頭)	後継牛(頭)	初産牛販売(頭)	A個体販売額(万円)	B育成費用(万円)	A－B(万円)
3	13.5	24	42	42	42	0	84	33	33	9	564	1,008	－444
3	13.5	27	42	42	42	11	95	33	33	9	564	1,140	－576
3	14.5	24	39	39	39	0	78	33	33	6	453	936	－483
3	14.5	27	39	39	39	10	88	33	33	6	453	1,056	－603
4	13.5	24	42	42	42	0	84	25	25	17	804	1,008	－204
4	13.5	27	42	42	42	11	95	25	25	17	804	1,140	－336
4	14.5	24	39	39	39	0	78	25	25	14	693	936	－243
4	14.5	27	39	39	39	10	88	25	25	14	693	1,056	－363

注：1）経産牛100頭規模、子牛事故率を５％として試算した
2）育成雌（１～12）＝育成雌（13～24）＝（経産牛頭数×12÷平均分娩間隔）×（１－事故率）÷２
3）育成雌（25～）＝育成雌（13～24）×（初産牛の分娩月齢－24）÷12
4）経産牛廃用＝後継牛頭数＝経産牛頭数÷平均産次
5）個体販売額は、初生雄（２万円）、経産牛廃用（５万円）、初産牛販売（35万円）として試算した
6）育成費用は便宜的に１カ月当たり１万円として試算した

13.0カ月の場合は、育成雌（１～12歳）を44頭確保できますが、平均分娩間隔が15.0カ月の場合は38頭しか確保できません。**表１**を参考にすると、除籍牛の平均産次が2.5の場合は、平均分娩間隔が14.5カ月以上だと後継牛が不足してしまいます。

3　育成牛の飼養状況と保有する育成牛頭数

次は、育成牛の飼養状況が保有する育成牛頭数に与える影響について見てみます。育成牛の飼養状況を示す代表的な値としては初産牛の平均分娩月齢があります。先の牛群検定成績では北海道の初産牛の平均分娩月齢は25カ月齢となっています。

表３は初産牛の平均分娩月齢と保有する育成牛頭数を示したものです。初産牛の平均分娩月齢が24カ月齢の場合は保有する育成牛頭数は82頭ですが、27カ月齢の場合は92頭、30カ月齢の場合は103頭となり、24カ月齢と比較して、飼料費も施設費も余分にかかってしまいます。

4　経産牛の繁殖状況、育成牛の飼養状況が経営に及ぼす影響

表４は、これまで見てきた経産牛の繁殖状況、育成牛の飼養状況が経営に及ぼす影響についての試算です。表中の「A（個体販売額）－B（育成費用）」は、除籍牛の平均産次が短く、平均分娩間隔が長い、初産牛の平均分娩月齢が遅い場合、マイナスが最も大きくなり、逆に除籍牛の平均産次が長くて、平均分娩間隔が短い、初産牛の平均分娩月齢が早い場合が、マイナスが最も小さくなります。この両者の差は約400万円にもなります。

経産牛の繁殖状況が良い場合は、確保する後継牛は少なくて済み、初産牛の販売頭数が多くなります。また、育成牛の飼養状況が良い場合は、経費が少なくて済みます。

5　預託ニーズに表れる経営規模の違い

平成15年までに北海道で設立された哺育・育成預託システムを**表５**（次ページ）に示しました。これらの大半はここ数年の間にできたものです。

哺育牛からの預託ニーズに酪農経営の規模格差があるか、平成14年度から哺育預託事業を始めた**表５**の公共牧場型のH牧場で、経営者の預託意向と実際の預託結果を見てみました（**図**＝次ページ）。多頭数規模階層で預託希望と実際の預託率が高く、少頭数になるほど低くなって、経産牛49頭以下では預託希望者および実際の預託者はゼロでした。

この顕著な階層性は、ほかの事例においても確認できます。公共牧場型のＥ牧場では４

表5　受託主体別にみた哺育・育成預託システムの設立状況

受託主体	事業開始年	哺育預託者	自動哺乳装置
＜公共牧場型：12組織＞			
A牧　　場（農協営）	平成9	主に村内	－
B育成牧場（農協営）	10	農協内	有
C育成牧場（農協営）	10	農協内*	－
D育成牧場（農協営）	10	農協内	有
E育成牧場（公社営）	12	町　内	有
F育成牧場（町　営）	12	主に町内	有
G牧　　場（法人営）	13	主に町外	有
H育成牧場（農協営）	14	農協内	有
I育成牧場（農協営）	15	農協内	有
J育成牧場（農協営）	15	農協内	有
K育成牧場（農協営）	15	農協内	有
L育成牧場（農協営）	15	農協内	有
＜経営集団型：4組織＞			
M牧場（乳牛育成施設利用組合）	5	特定農家	有
N牧場（受委託グループ）	13	特定農家	有
O牧場（受委託グループ）	14	特定農家	有
P牧場（受委託グループ）	15	特定農家	有
＜個別農家型：2組織＞			
Q（農協あっせん）畜産農家＋町営牧場（夏季）	12	主に農協内	有
R農家	12	町　内**	－

*：一部買い取り方式。**：平成16年は牛価格高騰により預託なし

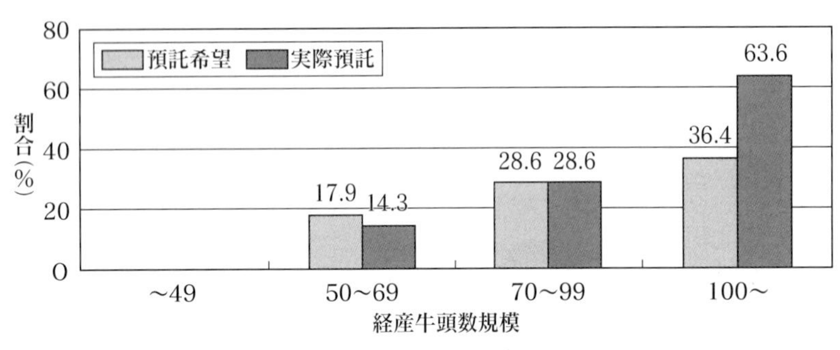

図　公共牧場型H牧場における預託希望割合と実際の預託割合

つの共同法人（いずれも経産牛200～400頭）で預託頭数の80％。G牧場では町内に多頭数飼養経営が少ないため、経産牛150頭飼養経営1戸のほかは町外の多頭数飼養の共同法人が主になり、M牧場でも預託頭数の90％を経産牛300頭を超える2つの共同法人が占めています。

13年に預託事業をスタートさせたN牧場でも最初の契約相手の5経営のうち3経営は委託後、経産牛頭数が100頭を超えています。

このように哺育牛からの預託ニーズは大規模酪農経営において高く、かつ実際にも利用されています。

6 主な預託要因

哺育・育成牛を受託組織に預託する主な要因は以下の3つが挙げられます。

経営構造的要因

酪農経営では、後継者が就農し親子2世代になるのを契機に、農業所得拡大を求め、増頭による生産規模拡大を行う場合が多い。このとき、最初に行うのが生乳生産に直結する搾乳牛舎への新築投資です。その結果、古い

牛舎は乾乳牛や育成牛に割り当てられますが、搾乳牛の増頭に伴い、次第に乾乳牛舎・育成牛舎が手狭になるとともに、飼養環境が悪化していきます。

次に乾乳牛舎・育成牛舎の新築・改築を検討しますが、ここでも生乳生産に直結する乾乳牛舎が優先され、育成牛舎は後回しになります。しかしながら、育成牛の飼養状況は保有する育成牛頭数や経営経済に大きな影響を与えます。扱う頭数が多くなればなるほど、その影響も大きくなります。経営者は育成牛舎の新築・改築や新しい哺育・育成技術の導入を検討しますが、限られた資本・労働力の下では、なかなかそこまでは手が回りません。哺育・育成牛を預託できる仕組みがある地域では、その仕組みを利用する場合が多くなっています。

労働的要因

酪農経営で酪農作業の分担がどのように行われているかを見てみます。

表6は家族構成と酪農作業の分担関係を示したものです。酪農経営の世代交代とともに、家族内での酪農作業の分担関係が変わっていくのが分かります。哺育・育成管理作業を中心に見ていくと、夫婦２世代の場合は、両親が哺育・育成管理作業を行う場合が多い。次に父あるいは母が引退すると、その作業は経営主（本人）、妻が引き継ぎ、さらに夫婦１世代になると、すべての酪農作業は経営主と妻の２人で行うことになります。特に夫婦１世代の時期は子供が就学中であり、お金がかかるが働き手が２人しかいない多忙な時期です。労働の効率化に向けた機械投資や、両親が担当していた哺育・育成管理作業の外部委託に対する要望が最も強まる時期です。実際にも哺育・育成預託システムを利用している酪農経営の預託理由で、両親の酪農作業からの引退を挙げている例が多いのです。

その後、後継者が就農すると、経営主は搾乳担当から外れ、妻は育成管理、圃場作業から外れます。夫婦１世代の時代に哺育・育成を外部委託した場合は、後継者が就農したり、夫婦２世代になっても外部委託を中止するとは今のところ考えられず、父母世代の労働に

表6　酪農経営の家族構成と酪農作業の分担関係

【夫婦２世代の場合】

続柄	搾乳	飼料給与	繁殖管理	糞尿処理	育成管理	哺育管理	圃場作業	備考
父			○	○	○		○	
母			○			○		
本人	○	○	○	○			○	
妻	○							

【夫婦１世代の場合】

続柄	搾乳	飼料給与	繁殖管理	糞尿処理	育成管理	哺育管理	圃場作業	備考
本人	○	○	○	○	○		○	
妻	○		○		○	○	○	

【夫婦１世代＋後継者の場合】

続柄	搾乳	飼料給与	繁殖管理	糞尿処理	育成管理	哺育管理	圃場作業	備考
本人		○	○	○	○		○	
妻	○		○			○		
長男	○				○		○	後継者

ゆとりが生まれます。

技術的要因

酪農経営では、哺育・育成牛を受託組織に預託することで、初産分娩月齢が早期化して経営全体として搾乳効率が向上する、事故率が低下し後継牛が増加する、預託牛が大型化して初産牛販売価格が向上する—などの効果が期待できます。

表7　経産牛頭数規模別にみた委託経営の年間預託料

経産牛頭数規模	50	75	100	150	200
更新予定頭数	15	22.5	30	45	60
預託頭数	30	50	60	90	120
年間預託料（万円）	406	609	813	1,219	1,625

注：表5のH事例を参考に試算した
　預託経費には家畜共済掛金や人工授精料、牛運搬費などは含まない
　経産牛の更新率30%、24カ月分娩を前提とした

また、委託した酪農経営内では、育成牛用放牧地の節減が図られ草地に余裕ができる、哺育・育成牛用粗飼料の節減が図られ粗飼料に余裕ができる、育成牛用牛舎・パドックが不要になりその施設を乾乳牛用施設へと改造し転用することで経産牛施設に余裕ができる—など、これらの経営基盤の余裕は経産牛の頭数規模拡大への原資となります。

一方、哺育・育成牛の管理労働時間の節減は時間の余裕を生み、その時間と先の経営基盤の余裕を組み合わせることで、乳牛観察能力の向上や繁殖管理技術の向上、飼料給与技術の向上—などが可能となり経産牛の飼養管理の充実が図られます。これらと哺育・育成牛を受託組織に預託することで得られる３つの効果（初産分娩月齢の早期化、事故率の低下、預託牛の大型化）により、経産牛１頭当たり乳量の向上や購入飼料費の節減、家畜診療費の節減、個体販売の増加—などが図られ、経営の生産効率が向上し農業所得の増加が期待できます。さらに、飼料基盤や労働力などが確保できればさらなる経産牛頭数の規模拡大により、より多くの農業所得が期待できます。

7 預託の際の留意点

個々の経営の生産効率の向上や経産牛頭数規模の拡大は、委託経営者の技術力、経営管理能力によって大きく左右されます。技術力および経営管理能力が高い経営の場合は頭数規模の拡大を含め大きな経営成果が期待できますが、逆に技術力および経営管理能力が低い経営の場合は、早急に技術改善を図らなければ、効果の発現にある程度の期間を要することから、自家育成と比較してその間の農業所得の減少や資金繰りの悪化を招きます。哺育・育成牛の預託により生活のゆとりを求める場合を除き、預託システムを利用する前に、事前に利用目的と技術改善の目標・方法を明確にしておかなければなりません。

表7は具体的な試算例です。年間預託料は、経産牛50頭規模で406万円、経産牛100頭規模では813万円になります。多くの哺育・育成預託システムは預託したときから毎月預託料の支払いを求められますが、後継牛として仕上がってくるのは約２年後となります。資金的に余裕があれば問題ありませんが、多くの場合、哺育・育成牛を預託に出すと同時に経産牛頭数の拡大を図るので、一時的に資金が不足する可能性があります。ですから、哺育・育成牛の預託を検討する場合、経営の収支計画だけでなく、資金計画も含めて検討するほうがよいと思います。それでも資金手当てが困難な場合は、当面、預託頭数の削減（一部自家育成を続ける）や預託期間の短縮（哺育時期や〈人工授精＋妊娠鑑定〉時期のみ）を検討してもよいでしょう。

第1章　搾乳後継牛確保の重要性

出生から受胎まで―発育・生理の基本と管理

大坂　郁夫

出生から受胎までのいくつかのポイントについて述べていきます。具体的な疑問、質問については、第２章のＱ＆Ａを参考にしてください。

1 出生

分娩は乾燥した衛生的な環境で

子牛の管理は、生まれてくる前から既に始まっています。ポイントは乾燥した清潔な分娩房でお産させることです。新生子牛は親牛と異なり、腹部にわずかな脂肪（褐色脂肪）がある以外はほとんど余分な栄養分を蓄積していません。この脂肪は、冬季、特に北海道のような寒い地域では生後数時間で使い果たしてしまうといわれています。

表に示したように、特に出生から３週齢までは、適応できる環境温度の範囲が狭く、少しでも気温が低下すると必要とするエネルギーが増加するのです。乾燥した敷料は、熱として奪われるエネルギーの損失を少なくします。また、清潔にすべきであるというのは新生子牛が病気に対する抗体を持って生まれてこないことによります。不衛生で、病原菌が多い状況での分娩は、子牛をすすんで病気にさせるような行為ですので、分娩房はあらかじめ消毒しておくべきです。

病原菌は乾いた場所よりも水分がある状態を好むので、衛生面からも乾いた敷料が望まれます。しかし、いくら完ぺきな状態で分娩房を準備しても、分娩を予知してタイミングよく分娩房に連れていけるかが重要になります。

表　環境温度と若齢子牛のエネルギー要求量の増加量

環境温度	維持エネルギー要求量の増加量	
	出生～３週齢	３週齢以降
℃	kcal NEM/日	
20	0	0
15	187	0
10	373	0
5	560	187
0	746	373
−5	933	568
−10	1,119	746
−15	1,306	933
−20	1,492	1,119
−25	1,679	1,306
−30	1,865	1,492

分娩が近い母牛の行動と判断基準

分娩の予知は観察である程度分かるので、参考までに、分娩が近くなった場合の判断基準を記しておきます。

・１日１回、牛を後ろから見てください。妊娠時の腹は真ん中当たりが膨らんでいますが、分娩が近づくと下のほうが膨らむ感じになります（俗にいう「腹が落ちる」状態）。

・連動して、尾根部と座骨の間が緩み、しっぽを容易に持ち上げることができます（「しっぽが軽い」状態）。

・乳房の一部ではなく全体が張ってきます。漏乳が始まると分娩も近くなります。

・反すう行動が見られなくなったり、飼料摂取量が低下したりします。

・腹をけるしぐさが見られることがあります。

さらに補足すれば、体温や血糖値を測るなどの方法を利用するのもよいでしょう。

子牛が生まれたら、まず肺で呼吸をしているか確認します。羊水を飲んでしまい呼吸が困難な場合は、子牛を仰向けにして両後ろ脚を持ち、数回肺を押すようにしたり、人工呼吸器で吸飲をさせたりして気道を確保します。

次にヨードチンキでへそを消毒した後、体表面を乾燥した敷料や布などでふきます。これにより、子牛の熱が奪われるのを少なくすることのほか、その刺激が子牛にとって良い効果をもたらすともいわれています（詳細はQ４を参照ください）。

2 初乳給与

次は初乳の給与です。大原則は「できる限り早く飲ませる」ことです。これは、①新生子牛が病原菌に罹患（りかん）する前に、抗体（以下、IgG）を多く含む初乳を与えて体内にIgGを移行させる、②新生子牛は、出生後24時間程度でIgGのような大きな分子を吸収する能力がなくなる、③エネルギー濃度の高い初乳を与えて、体力の消耗を少なくさせる―の３つの理由によります。しかし、IgGを子牛の体内に移行させるための要因は「できる限り早く飲ませる」だけではありません。IgGの摂取量、すなわち初乳中のIgGの濃度と初乳摂取量とも密接な関係があります。

アメリカの生産現場では、子牛の血清中に10mg/mlのIgGがあることが、最低ラインとしています。そこで、初乳給与までの時間とIgG摂取量の関係について**図１**に示しました。

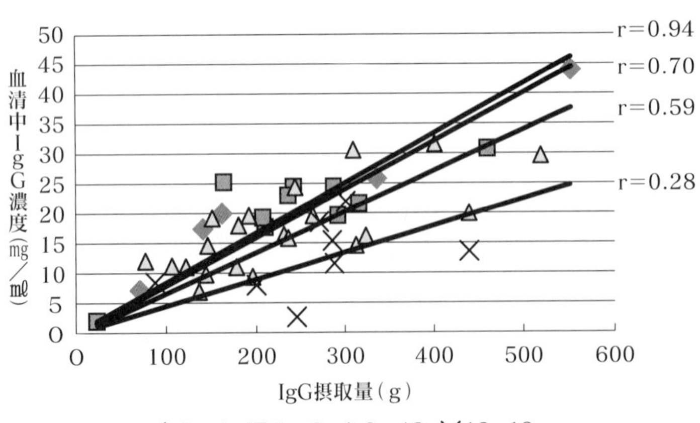

図１　IgG摂取量と血清IgG濃度との関係

ここで０－１とは出生後１時間未満での初乳摂取を意味し、以下１－６：１時間以上６時間未満、６－12：６時間以上12時間未満、12－18：12時間以上18時間未満となります。初乳の給与回数は１回だけで給与量は飲めるだけ飲ませました。その24時間後に採血して血清中IgG濃度を測定したものです。

IgGの新生子牛への移行量は初乳給与までの時間と同じくらいIgG摂取量は重要であることを、この**図**は示しています。

具体的に言うと、

・早い時期にかつIgG濃度の高い初乳を飲ませると移行量は高まる。

同じIgG摂取量でも初乳給与までの時間が遅くなるにつれて血清中のIgG濃度が低くなります（４本の線の傾きが次第に小さくなる）。また、どの時間帯であっても、IgG摂取量が高ければ高いほど血清中IgG濃度は高まります（４本の線はいずれも右上がりとなっている）。ですから、今までは早くに初乳を給与すれば「うちの初乳給与は、問題ない」ということになっていたのですが、次のようなこともいえるわけです。

・早い時期に初乳を飲ませても、IgG摂取量が少なければ、必要なIgG量が移行しない。

つまり早い時期に初乳を十分と思われる量を飲ませても初乳中のIgG濃度が低かった、あるいは初乳中の濃度が高くても十分な給与量ではなかったという場合、このようなことが起きます。**図１**を見ると、血清中のIgG濃度10mg/mℓをクリアするには、１時間以内の給与であってもIgG摂取量150gは必要でしょう。しかし、IgG摂取量150gあれば６時間以上12時間未満の線を見ると、それでもよいような気がします。しかし、

・初乳給与までの時間が長くなるほどIgG摂取量を高めても最低ラインに到達しない割合が多くなる。

r＝１の場合、点がすべて直線上にある状態をいいます。で

すから、１に近くなるほど抗体摂取量と血清中IgG濃度はバラツキが少なく（直線上にある点が多く）、より密接な関係がある（高い相関関係にある）ことを示します。この**図１**では、初乳給与までの時間が長くなるにつれてrの値が小さくなっていく、つまり初乳の量や質と血清中IgG濃度の関係は希薄になっていくことを意味しています。これは時間の経過とともに吸収率が低下していくことによりますが、給与時間が遅いほどIgG移行量の個体差が大きくなるとも考えられます。

IgG摂取量が150gあれば６時間以上12時間未満の線を見ても、問題はなさそうですが、rの値が小さいことから、群で見た場合バラツキが大きくなる、すなわち、最低ラインの血清濃度に達しない割合も大きくなるともいえます。

NRC（2001）では「少なくとも100gのIgG摂取量が必要で、１時間以内に初乳を３ℓ以上飲ませよ」ということになっています。先に述べた通り、IgG摂取量100gはギリギリのラインなので安全を見込めばIgG摂取量は150～200gを目標としたほうがよいでしょう。初乳給与までの時間は、若干バラツキが大きくなりますが６時間以内でも、IgG摂取量を高めれば最低ラインに十分到達が可能です。また、初乳量については44頭の新生子牛で調査したところ、80%以上（36頭）が１回に３ℓ飲むことができました（**図２**）。３ℓに達しなかった８頭についても５頭は2.6～2.9ℓでしたので、ほとんどの新生子牛の初乳摂取量はおおむね３ℓ以上は問題ないと考えられます。

初乳のIgG濃度については、初乳計の利用による比重の測定が簡便で、ある程度信頼性もあります。40℃程度に温めた初乳では1.05、室温では1.06程度あればIgG濃度は50～60 mg/mℓが期待できます。

これらのことを総合的に判断すれば、比重が1.05～1.06以上の高い初乳を６時間以内に３ℓ以上給与すれば、初乳からの抗体移行は成功したといえるでしょう。ただし、初乳を給与するまでの間、清潔な環境に置いておくことはいうまでもありませんし、栄養面から見ても早く給与できる状況であれば早いに越したことはありません。

3 哺乳期

発育段階

哺乳期から育成期までに、消化機能の観点から３つの異なる発育段階があります。

〔液状飼料給与期〕

子牛が必要とする養分すべてを、全乳または代用乳で賄います。液状飼料は食道溝（**写真**）により直接第四胃に流入するので、反すう胃で細菌による分解を避けられ、牛乳本来の養分をそのまま消化吸収できるようになっています。

〔移行期〕

この時期は子牛の養分要求量を充足させるのに液状飼料と固形飼料（人工乳）の両方が

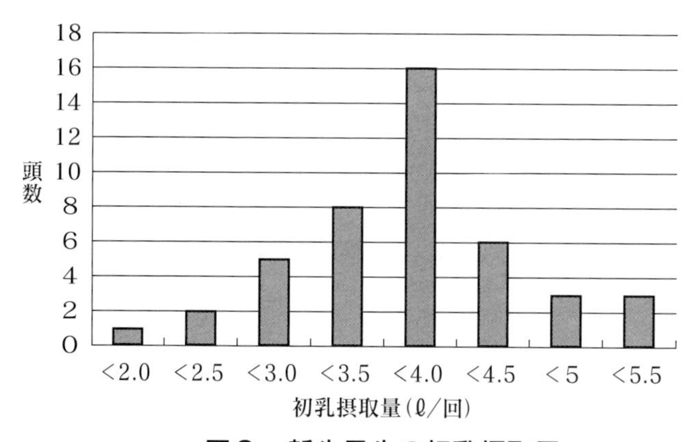

図２　新生子牛の初乳摂取量

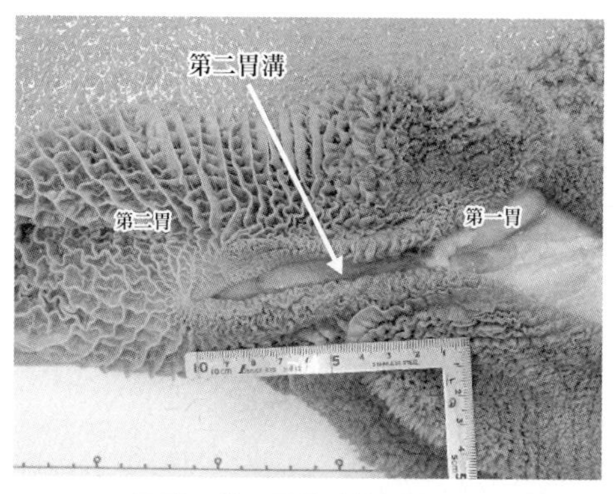

写真　第二胃溝（矢印部分）

関与しています。

〔反すう期〕

この時期になると親と同様に反すう胃の微生物発酵を通して固形飼料から必要な養分を得ます。ここでいう固形飼料とは、初めは人工乳も含めた濃厚飼料が主体ですが、その後粗飼料摂取量が高まることで、粗濃比が逆転していきます。

哺乳期とは、上記３段階のうち液状飼料給与期と移行期を指します。この期間で一番重要であり問題となることは、いかに下痢をさせずに固形飼料の摂取量を高めるかということです。

哺乳、人工乳給与のポイント

下痢は一般的に生後２～４週齢に多く観察されます。また、下痢は食餌性（乳および人工乳の量や成分に起因）と病原性（細菌やウイルスに起因）に分類できますが、実際の生産現場では瞬時にどちらか判断することは極めて困難です。たとえ検査しても、すべての病原菌に対して調べることは不可能ですし、食餌性から病原性へ移行することも十分考えられます。残念ながら、完全に下痢を予防する方法はないといってよいでしょう。しかし、十分な観察と素早い対処で最小限にすることは可能であり、そうすることで、結果的に子牛に対するダメージが少なく、固形飼料摂取量の増加や発育改善にもつながります。全体を通しての基本は「極力、急激な変化を避けること」です。

以下にポイントを記しておきます。

・全乳または代用乳はいつも一定の温度で給与する。

哺乳ロボットの場合は大きな問題にはなりませんが、カーフハッチで大規模でなおかつ哺乳担当者が複数いる場合、管理者が変わると下痢を起こすことがあります。基本は40℃前後で給与しますが、感覚で行うと管理者により温度が数度ずれることがあります。また、管理者の体が冷え切っている場合、実際の温度よりも熱く感じることがあります。

１頭ずつ温度計で測るのは作業効率が悪くなりますが、その日の最初の１頭目だけは温度計で測り、温かさを確認してから次の給与をするなどの工夫をして温度が常に一定になるように心掛けてください。

・人工乳の味を覚えさせて、100gを目安に徐々に増量し、下痢をしても人工乳給与を中断しない。

出生して２日目から、朝または夕方の哺乳後にひとすくい（50～100g程度）の人工乳を口に入れるという方法です。目的は味を覚えさせて（人工乳の動機付け）、早期に人工乳摂取量を高めることです。３日間程度続けてください。順調にいけば５日目からバケツや飼槽から直接摂取するようになります。これも、ほかの子牛の行動をまねて学習できる集団哺育より、ほかの子牛と接触の少ないカーフハッチのような個体哺育でのほうが効果は大きいようです。しかし、人工乳の食い付きが良いからといって多量に給与すると下痢を発症しますので、残食がなければ100g程度を徐々に増量するのがよいでしょう。

下痢を発症したら、哺乳と同様に人工乳も直ちに給与を中止し電解質を給与する場合も

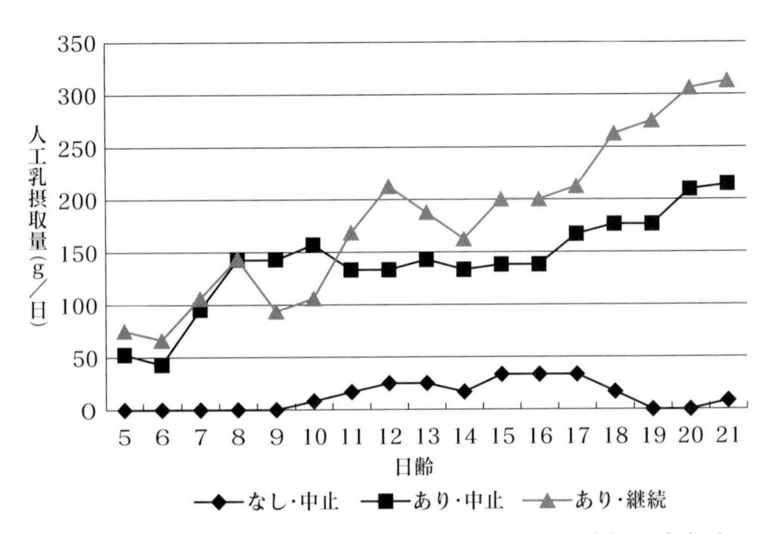

図３　人工乳の動機付けおよび下痢時の人工乳給与の有無と人工乳摂取量

ありますが、基本的には人工乳を摂取する、しないは子牛の意思に任せて、人工乳の給与は継続すべきです。理由は至って簡単で、哺乳も人工乳の給与も中止してしまうと、栄養源がなくなり、かえって体力を低下させることになるからです。

図3は人工乳の動機付けの有無と下痢時の人工乳の「中止」、「継続」について出生後3週齢までの人工摂取量の推移について比較検討したものです。

人工乳の「動機付けあり」は「動機付けなし」と比較すると、5日齢からその摂取量は明確に多くなりました。また、下痢をしても人工乳給与を続けることで、結果的には人工乳摂取量が高まる傾向がありました。いずれの処理もしなかった群は、人工乳を摂取し開始時期が極めて遅くなり（平均日数：なし・中止19.2日、あり・中止8.5日、あり・継続6.8日）、ようやく摂取し始めても、すぐに下痢になったので人工乳給与も中止する、体力が低下して下痢の治療日数も延びる（平均治療日数：なし・中止5.0日、あり・中止3.9日、あり・継続2.9日）、という悪循環になる傾向がありました。

下痢による死因の多くは、病原菌の直接感作よりも重度の脱水症状による電解質の不均衡が主な原因といわれています。人工乳の給与がこれらの症状を悪化させると思われがちですが、初期症状であれば少々の下痢でも人工乳の摂取量は落ちませんし、重篤な症状であれば、自発的に人工乳は摂取しなくなります。むしろ、下痢の初期症状を見つけたら、人工乳給与は継続させつつ、思い切って哺乳を1回または1日分をやめて、十分な電解質を給与するほうがよいでしょう。

哺乳量と全乳および代用乳の給与

最近、哺乳量を高めて初期の発育を高めるという方法が提案されています。また、生産調整の関係から代用乳から全乳に切り替えるときの留意すべき点についての問い合わせが多くなっています。哺乳量を高めるいわゆる「〝強化〟哺育」の考え方、方法などについては、第2章のQ＆Aで触れられていますので、ここでは全乳を利用する場合の留意点についてのみ触れておきます。

牛乳は本来子牛のためにあるものですから、子牛に悪いはずがありません。しかし、子牛に給与させるというよりも、ヒトのために改良されてきましたから、考慮すべき点が出てきました。それは、良い面でも悪い面でも乳成分にあります。乳成分については乳脂肪や乳タンパク質を中心に遺伝的改良が行われ飛躍的に向上しています。乳タンパク質の含有率向上は、前述した理由からカゼインが豊富となるため問題ないでしょうが、乳脂肪含有率の高い牛乳を多量に給与することは、下痢を引き起こす要因となります。地域差もありますが、北海道ではバルク乳の脂肪率が4％を超すことはごく普通になっているので、過去の報告から見ても4～5ℓ程度がよいでしょう。ただし、哺乳期間を3カ月齢までにする、などという哺乳を長期間とする計画であれば、この限りではありません。また、前述した「子牛に対して急激な変化を避ける」という基本に立てば、代用乳を与えていた子牛を途中から全乳に切り替えるのは避けて、初乳給与後から哺乳期を通して給与すべきです。細かな点ですが、バルクから牛乳を取り出すときは、集乳するときと同じく下から取り出し、給与時もよくかくはんした後に必要量を測って給与してください。いずれも脂肪含有率の高い乳の利用を防ぐためです。

4 育成前期

成長は骨・筋肉・脂肪の順に

育成前期はヒトでいう「思春期」に相当し、著しく成長する時期です。といっても四肢も乳腺もルーメンもみんな同じ割合で大きくなっていくのではなく、成長の段階によって優先的に発育する部位が違っています。つまり、その時期に重要な機能を果たしている細胞・組織への栄養供給が優先されますし、関与するホルモンもその時期に活発に分泌されます。**図4**（次㌻）に栄養水準の違いと各部位の発達を示しました。この**図**から2つのことがい

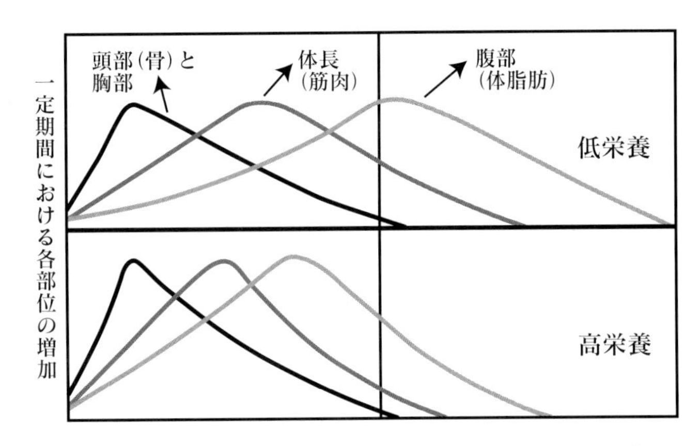

図４　栄養水準の違いと各部位の発達との関連

えます。１つは、成長は頭のほうから始まり尾のほうへ移行していくこと、違う見方をすれば骨格→筋肉→脂肪の順に形成されていくことを示しています。

成長は栄養水準によって変わる

もう１つは、栄養状態によりこの山は大きく変わることです。すなわち、栄養水準が高い場合は、各山は高くすそ野は狭いですが、栄養水準が低い場合は、山は低くすそ野が広くなります。前者は成長を促進させる初産分娩月齢短縮型であり、後者は従来通りの成長をさせる粗飼料多給型ということができます。どちらを選択するかは生産者の自由ですが、気を付けなければならない重要なポイントがあります。それは、同じ月齢でも成長過程が違う、すなわち必要とする栄養素や養分量も異なるということです。特に、哺乳から成長促進するように飼養した後、放牧に出すというような場合は、その切り替えに失敗すると発育停滞や無発情などの繁殖障害の原因にもなり得ますので、月齢だけでなく体重や体高、ボディーコンディションスコアを定期的にチェックして、現在どの程度の発育状態にあるかを把握しておく必要があります。それを基に放牧地の面積や併給飼料の質や量を考慮して発育を停滞させないように配慮すべきです。

過肥が乳腺組織に影響する

また、育成前期には乳腺発達、すなわち乳管の伸長が著しくなります。成長促進と乳腺発達については、エネルギー飼料主体による増体量向上＝「過肥」は、乳腺組織に脂肪が蓄積されることにより乳管伸長を阻害することが示されています。近年では、エネルギーだけでなくこの時期に要求量が高まるタンパク質給与量も高めた増体量向上＝「体格の大型化」は乳腺発達に悪影響を及ぼさず、結果的に初産乳量は低下しないことがこれまでの多くの研究で示唆されています。しかし、飼料中のエネルギーやタンパク質の含量はどの程度が適切で、結果的にどれくらいの増体量が見込めるのかなどの細かな点や、育成後期の栄養水準と乳量の関係など育成の全ステージを網羅した飼養体系についてはいまだ確立されていないので、飼養標準には推奨値としては示されていません。

高増体促進は特殊な技術

特に、３カ月齢からの増体量を1.0kg/日以上に高めることは、10カ月齢未満の交配、20カ月齢未満の分娩の可能性もあり、これらに関してごく一部の事例があるだけで、極めて情報源が少なく不確定要素が多いため、今のところ特殊な技術と考えるべきです。ただ、0.9kg/日程度であれば、12～13カ月齢で交配基準に到達し、飼料設計においても濃厚飼料割合が最も高くなる時期で30～35％程度で達成させることができます。交配も順調であれば21～22カ月齢で分娩することになります。このレベルでは、研究データや実践されている生産者も多いので、成長促進を考えられている方はこの程度の増体量を現段階の目標にするのがよいでしょう。

第2章 Q&Aで知る対処法

出生～哺乳期

離乳～育成期

Q1 へその緒を消毒する理由と方法

私の牧場では、生まれた子牛の「へその緒」を消毒していません。今まで問題がないように思えます。「へその緒」を消毒したほうがよい理由と方法を教えてください。また、消毒をしない場合はどのような管理が大切になりますか。

A 理想的な環境で分娩を迎えよう

消毒なしでも今までのところ、特に臍帯（さいたい）炎などの問題がないということですね。恐らく、分娩場所やその後の子牛の生育場所が、清潔で乾燥した状態に保たれていることと思います。Roberts著・獣医産科繁殖学によれば、「出産が清潔な放牧場でなされるのであれば臍帯の消毒は不要である。へそをなめること、および畜舎または追い込みさく内の感染がなければ、新生児臍帯の迅速かつ正常な治癒が保証される」と解説されています。

しかし、実際には多くの子牛に臍帯炎が起きています。これは、理想的な環境を確保することがかなり難しいためではないかと考えます。「分娩房がないため、母牛を隔離できない」、「分娩房を消毒・乾燥しきれないうちに次のお産を迎える」、「子牛のハッチもところてん式」というのが実情ではないでしょうか？

臍帯消毒の実際

このような状況を考えると、基本的には臍帯の消毒を実施することが大切です。

臍帯消毒の方法は以下のようになります。

時　期

1回目は、出生後できるだけ速やかに生まれた子牛を清潔な敷料の上に移動し、呼吸を確認したらすぐに行います。翌日も朝晩繰り返します。

方　法

7％のヨードチンキを容器（ディッパーなど）に入れ、臍帯を完全に浸します。スプレーではどうしてもうまくかからない死角ができてしまうので、ディッピングにしてください。このとき、手は洗い、容器も必ず清潔なものを使用します。不衛生な容器の使用はかえって臍帯炎の原因になります。

7％ヨードチンキではなく、搾乳に使うポストディッピング剤（ヨード濃度1％まで）・イソジン液（同2％）・希ヨーチン（ヨードチンキを2倍に希釈したもの）を使う例も見かけますが、基本的にはヨード濃度の最も濃い7％ヨードチンキが推奨されています。

ヨードチンキはヨードをエタノールに溶解したものですので、臍帯を殺菌するとともに、エタノールによる乾燥作用もあります。なお、ヨードチンキは劇薬であり、局所刺激性があります。外傷の消毒などには刺激が強過ぎるので用いないでください（成牛に対しても使用しないこと）。

以上のように完全に手順を守ったとしても、子牛の置かれる環境や、子牛自身の抵抗力いかんによっては、臍帯炎を起こす場合もあると思います。疾病はすべてそうですが、臍帯炎も早期発見・早期処置が大切です。数日間は臍帯を観察して、はれたり熱を持ったりしていないかを確認してください。

消毒を行わない場合の管理

臍帯を消毒しない場合の管理は、子牛の周

りから極力細菌を少なくすること、子牛の抵抗力を高めるために、速やかに良質の初乳を十分量与えることや子牛にストレスを与えないことが挙げられます。

出産場所

前述のような清潔な放牧場（天候が良ければ）または、分娩房を用意します。「生産獣医療システム・乳牛編」によれば「分娩房は、通常箱型で自由に動くことができる広さ3.05m×3.05m、および分娩空間（13m³）が確保され、清潔で十分な敷料を入れ、換気が良く安静な場所が好ましい」とあります。母牛が自由に動き回り立ったり座ったりを繰り返すことで、お産がスムーズに進行し安産となり、出産時の親子ともどものストレスを軽減することにつながります。

子牛の隔離

出生後は清潔な敷料の上に横たえて、鼻や口腔から粘液をぬぐい取り、呼吸を喚起します。続いて、体全体から胎液をふき取ります（ぬれたままでは寒くてストレスになる。また、体全体をこすることは呼吸の助けにもなる）。

写真1

写真2
消毒する、しないにかかわらず、子牛を清潔な環境に置くことが大切。写真2のように使用しない期間を設け、よく乾燥させてから次の子牛を入れてください

この処置が終わったら、子牛を哺育ケージなどに移動し、ほかの牛から隔離します。このケージも分娩房と同様に洗浄消毒し、十分乾燥させておきます。敷料もすべて新しい清潔で乾燥したものをたっぷり入れておきます。

呼吸器疾患の予防のためにも、換気が良いことは絶対条件です。牛は群れをつくる動物なので、隔離といっても全くほかの牛が見えないのではストレスになります。「仲間が見えるけれどもほかの牛と直接接触することはできない（母牛を含めて）」というのが、余分な雑菌を子牛に近づけないポイントです。

分娩が前述したように清潔な場所で行われたのなら、子牛の体をふき取るのは、母牛になめさせてもよいと思います。あまり、清潔な場所でなかったなら、子牛を清潔な場所へ移動することが優先されるので、人間がふき取ってやらなくてはなりません。

初乳の給与

初乳の質や与え方については、別項を参照してください。

消毒を行った場合でも、最も大切なのは子牛をできる限り清潔な環境に置くことです。

【芦沢　めぐみ】

Q2 へその緒を結ぶ考え方と方法

私は「へその緒」を消毒した後に絹糸で結んでいますが、結ばないほうがよい、あるいは、結ぶよりもクリップのような器具で挟むのがよいとの話も聞きました。それぞれの考え方と推奨される方法を教えてください。

A 止血と感染防止が目的

臍帯（さいたい）を絹糸で結ぶ方法はあまり推奨されていないものとみえて、いろいろと調べても、分娩介助の手順の中にこの工程が入っているものがなく、理由についてもはっきりとしません。ですが恐らく、理由の1つには、臍帯からの出血が気になるための止血、もう1つは感染防止のためと思われます。

感染は開口部から病原体が入って起こります。例えば、口から入った病原体が下痢を引き起こし、鼻から入った病原体が肺炎を引き起こし、臍帯から入った病原体が臍帯炎を引き起こすという具合です。臍帯からさらに体内に侵入して、関節炎などを引き起こす場合もあります。このうちの口と鼻は閉じてしまうわけにはいきませんが、開いていなくても構わない、むしろ早く閉じてほしい余分な開口部である臍帯は安全のため、いち早く縛って閉じておこう―ということだと思います。

この場合、絹糸やそれを扱う人の手はもちろん清潔でなくてはなりません。しかし、絹糸を清潔に保っておくのは少々面倒です。まず、煮沸して絹糸の繊維と繊維の間に入っている空気を抜き、消毒液に漬けておくことになります。この消毒液もいつまでもそのままというわけにはいかないので、適宜交換しなくてはなりません。ここから絹糸を取り出すときも、消毒液の中に手を入れて取り出すわけにもいかないので、ピンセットなどでつまみ出します。元気な子牛なら、分娩後間もなくじたばたし始めるでしょう。この子牛を押さえながら、絹糸を清潔なまま保って臍帯を結ぶのはなかなか大変です。

縛るより簡単・衛生的なクリップ

そこで、考え出されたのが、クリップです。パチッと挟むだけなので、絹糸で縛るより簡単で、作業が手早い分、この作業中に汚染する可能性が低くなります。質問にあるクリップは恐らく「へそくりくん」（**写真**）という商品のことと思います。1個ずつ滅菌パックに入って売られているので、このパックを破ったりぬらしたりしなければ無菌状態のまま置いておけます。

「結ばない」という考え方

これに対し、「結ばないほうがよい」という考え方は以下の理由によります。

まず、臍帯からの出血についてです。正常なお産であれば、臍帯からの出血はそのままにしておいても間もなく止まります。デーリーサイエンス・アップデート2003年7月号のHoward D.Tylerによれば、「最初に呼吸したときに肺の中で生産されるブラディキニンが臍帯に移行して血管を収縮させる。臍帯引き伸ばしと引き裂きが、切断が起きた近くの臍帯動脈の収縮作用を促進する」と解説しています。

続いて、臍帯からの感染防除についてです。確かに、開口部がないほうが病原体の侵入を防ぐことにはなると思います。しかし、牛の

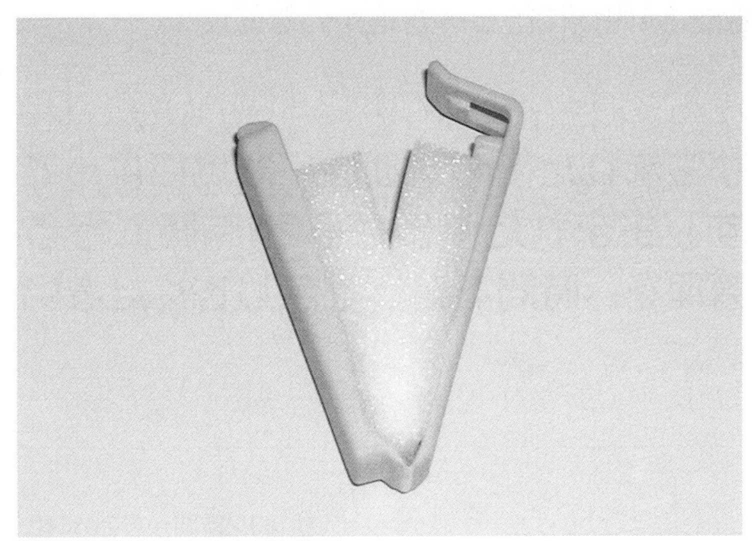

写真　臍帯クリップ〝へそくりくん〟

お産は、「できる限り清潔な分娩場所を用意する」といっても、まさか人間のお産のようなわけにはいきません。介助する人も、人間の場合は滅菌した手術着を着て、滅菌した手袋をはめて、などと無菌的に事に当たりますが、牛の場合はそうはいきません。こういう状況では、臍帯に触れることがかえって感染の危機を招くと考えられます。従って、「触れないでおく=結ばない」という考え方です。

何より早めの処置、清潔な環境を

通常のお産では、「臍帯は出産の過程で自然に10cm程度に切れ、出血も止まり、自然に萎縮する」組織ですので、消毒し、いち早く清潔で乾燥した場所に移動することのほうが大切と考えます。

「出血が止まらない」、「変に短くちぎれてしまって開口部が大きい」など、何らかの異常があって処置する場合は、臍帯や手をよく消毒して注意深く行ってください。前述の「へそくりくん」の説明書にも「早め処置・臍帯血絞り出し・消毒・良い環境とセットにして考えてください」と注意書きがあります。

【芦沢　めぐみ】

Q3 生後24時間に行うべき理想的な管理

子牛が生まれた後の管理は、農場によって違うと感じます。生まれた直後から24時間に行うべき理想的な管理を、時間を追って示してください。

A 出生～24時間の管理手順

安産で、生まれた子牛も活力があり、すぐにミルクを欲しがる場合の、分娩から24時間後までの新生子のケアは以下のようになります。

出生時

①生まれたら清潔な敷料の上に子牛を横たえ、すぐに子牛の鼻と口から粘液をぬぐい取って、呼吸を促します

②全身の胎水をふき取ります（ぬれたままでは寒いので乾かすことが目的ですが、これが全身の皮膚のマッサージとなりさらに呼吸を促します）

③７％のヨードチンキで臍帯（さいたい）をディッピングします

④消毒してある、清潔な敷料をたっぷり入れたハッチなどに子牛を移動して、ほかの牛から隔離します

生後２時間以内

子牛が飲めれば、２時間を待たずになるべく早く初乳を給与します。

⑤母牛の初乳を搾って２ℓ以上（子牛が飲めるだけ）給与します。このとき残った初乳は冷蔵しておきます

生後6時間以内

⑥出生から６時間以内に先ほど冷蔵しておいた初乳を２ℓ以上（子牛が飲めるだけ）飲ませます（６時間以内に４ℓを目安にする）。臍帯のヨードチンキ・ディッピングをもう１度行います

生後12時間から24時間

⑦初乳の給与と臍帯消毒をもう１度行います

ご存じのように牛は、胎盤を通じて母牛から得られる移行抗体を持っていません。このため出生後、初乳を通して抗体を得なくてはなりません。子牛の腸管がこの抗体を取り込める能力は出生時を100％とすると、６時間後には50％、12時間後には12％以下、24時間後には４％以下になってしまいます。従って、初乳の初回給与はできるだけ早く行います。上の手順でも、①、②で呼吸の確保を行い、③でへそからの感染予防、④で感染源から遠ざけるための隔離を行ったら、速やかに初乳を給与することになっています。

抗体含量不足の可能性に注意

一般に、免疫学的には生後24時間の子牛の血中抗体濃度が10g/ℓあればよいとされ、このためには約100gの抗体を吸収しなくてはならないとされています。この子牛が吸収できる抗体量の上限は、初乳中の抗体濃度・子牛が飲んだ初乳の量・子牛の腸管の吸収率（前述のように、時間の経過とともに低下する）により、決定されてしまいます。

このため、なるべく多くの抗体を含む初乳が望ましい初乳ということになります。**表**は群馬県・㈲ROMデーリーアシストの山口獣医師が検査した実際の農家の初乳中抗体含量です。初乳を検査キットで測り、50g/ℓ以上を「良」としています。検査数は少ないです

表　初乳中抗体含量の調査結果

初乳No.	初乳中抗体含量	免疫学的初回給与初乳品質
1（初乳補助剤）	50g/ℓ以上	良
2	50g/ℓ以上	良
3	50g/ℓ以下	不可
4	50g/ℓ以下	不可
5	50g/ℓ以下	不可
6（初産初乳）	50g/ℓ以下	不可
7	50g/ℓ以上	良
8	50g/ℓ以上	良
9（初産初乳）	50g/ℓ以下	不可
10	50g/ℓ以上	良
11（搾乳２回目の初乳）	50g/ℓ以下	不可
12（搾乳３回目の初乳）	50g/ℓ以下	不可
13	50g/ℓ以上	良
14　比重高い	50g/ℓ以下	不可
15（下痢５種）	50g/ℓ以上	良
16（下痢５種）	50g/ℓ以上	良
17（下痢５種）	50g/ℓ以上	良
18（下痢５種）	50g/ℓ以上	良
19（下痢５種）初産	50g/ℓ以上	良
20（下痢５種）	50g/ℓ以上	良
21（下痢５種）	50g/ℓ以上	良
22（下痢５種）	50g/ℓ以上	良
23（下痢５種）初産	50g/ℓ以上	良
24（下痢５種）	50g/ℓ以下	不可
25（下痢５種）	50g/ℓ以下	不可

が、一般的にも初乳の抗体含量の平均値は50g/ℓ以下なので、おおよそこのようなものではないかと思います。初乳であっても半数くらいは抗体含量が物足りないことをご理解ください。

抗体含量が少ない可能性があるのは、①初産牛（まだあまり多くの感染にさらされていないため）、②分娩時に調子の悪い牛、③漏乳のある牛（漏乳した量による）、④最初の搾乳で９ℓ以上出た場合（薄まってしまう）―です。また、抗体を目的とした場合、初乳といえるのは最初の搾乳のものだけです。見た目がどんなに初乳らしくても２回目の搾乳では抗体は半減しています。もちろん、血乳・乳房炎の牛乳も抗体給与のための初乳としては不適切です。

上の手順では、「母牛の初乳を搾って給与」としていますが、以上のような理由で質的・量的に初乳が不足する場合は、良い初乳が余ったときに凍らせて取って置き、これを解凍して利用します。さらに不足する場合は初乳製剤を利用します。

参考までに付け加えると、**表**の下半分の初乳No.のところに（下痢５種）と入っているのは、乾乳中に下痢５種ワクチンを接種した母牛から得られた初乳です。表の上半分と比べ、抗体含量50g/ℓ以上の初乳が多く、初産牛でも「良」判定が付いており、初乳の抗体含量アップに効果のあることが分かります（最後の２例が示すよう、100％というわけにはいかないが）。　**【芦沢　めぐみ】**

Q4 生まれた直後、体をふく意味は

生まれた直後に子牛の体をふいて刺激を与えることには重要な意味があると聞きました。実際に子牛にどのような効果があるのでしょうか。

A 分娩時の注意

酪農家は、子牛が生まれた直後は、親牛に子牛をなめさせる、または人がワラや布、新聞紙などで体をふいていますが、親牛になめさせるほうが、牛の舌がざらざらしていて子牛の羊水でぬれた体をふき取るには最も適しているようです。

分娩室での分娩では、親牛が自由に動き回ることができるため容易に子牛をなめることができますが、つなぎ牛舎でつないだまま分娩させる場合は、当然ですが子牛を親牛の前に持っていかなければなりません。

牛をつないだまま分娩させると難産になる可能性が高く、また夜中など人がいないときに分娩すると、子牛がバーンクリーナに落ちて死んでいたという事例もときどき聞きます。これは、子牛が生まれてすぐに体をふいて刺激を与えなかったことが原因の1つと思われます。もし、このときすぐに子牛の体を十分にふいて刺激を与えていれば、死なせずに済んだかもしれません。

分娩室では親牛がそのまま子牛をなめることができるので、この意味でも牛が自由に動ける分娩室で分娩させると安心です。

それでは生まれてすぐの子牛の体をふいて刺激する効果の意味を述べます。

体温低下を防ぎ牛体を清潔に

子牛は皮下脂肪が少なく寒さに非常に弱いため、ぬれた体をふいて体温が下がるのを防ぐ、さらには体を清潔にするのが目的です。特に親牛が直接なめると殺菌効果もあるといわれています。また子牛の体をふいて刺激を与えることで、血液の循環と腸の動きが良くなり、胎便の排出が促進され元気が出てきます。難産などで生まれた弱い子牛や仮死状態の子牛などでは、特に胸のあたりを強く押して刺激してやると、生まれてくるときはしぼんでいた肺が膨らみやすくなり、呼吸が順調にできるようになります。

筆者が以前、農業大学校畜産学科に勤務していたとき、朝分娩室に行くと仮死状態で生まれた子牛がいました。体が冷え切って息もあまりしていません。もう駄目かと思いましたが、まずお湯に入れたところ息を吹き返したように動き始め、その後タオルで1日、学生と交代しながら子牛の体をこすり続けました。そのかいあってその子牛は立派に成長しました。体をこすって刺激してやることが良いことだと実感した出来事でした。

人が寝ている夜中などに対応が遅れないよう、分娩予定日が近づいてきたらできるだけ牛の様子をこまめに観察し、合わせて昼間分娩法や体温測定による分娩予知などを行うのも良いでしょう（**表1、2**）。

人はどの程度関与すべきか

もう1つ、人工授精時や病気治療、そして搾乳作業時など牛に接する作業を容易にするために、人間に慣れさせる「刷（す）り込み」が重要です。

写真　体をふいたら親牛から離し、カーフハッチへ移動

表１　体温測定による分娩予知法（例）

時　期	・分娩予定日の10日前から開始する
方　法	・直腸温度を毎日夕方、飼料給与前に測定する ・前日までの体温より0.4℃以上低下すると、24時間以内に生まれる可能性が高い
注意点	・体温測定値は、毎日記録する

表２　昼間分娩法の方法（昼間に生まれる確率が７割以上）

時　期	・分娩予定14日前から開始する
方　法	・１日分の飼料を夕方（午後４時以降）、決まった時刻に給与する ・ただし、水は自由に与える
注意点	・朝は残飼を取り、昼間は食べられないようにする ・体温測定による分娩予知をするときは、体温を測った後に飼料給与する

もともと牛は、人間に対して恐怖心を持っており、子牛が生まれて親牛に付けたままにすると親子間の結び付きが強くなって野性化し、人間に対して警戒心が強くなります。

分娩後、子牛を親牛からすぐに離して子牛の体をふいてあげるか、あるいは親になめさせたほうが子牛の免疫グロブリン吸収率が良くなるともいわれていますので、親牛にある程度なめさせた後、親牛から引き離して（**写真**）、さらに人が子牛の体をふいてあげましょう。

ただし、人間に慣れさせようとしてかわいがり過ぎると、牛の体が大きくなったとき人にとって非常に危険な存在になりますので、けじめをつけ子牛には分からせるようにします。

以上のように、子牛の体をふいて刺激を与える作業を行うためには、迅速な対応が必要ですので、分娩が近い牛に対してはできるだけ注意し、いよいよ分娩の兆候が現れたら分娩室に移動し、こまめな観察と準備を万全に行いましょう。　**【池田　辰也】**

Q5 肉付きがばらつく原因と防止対策

生まれる子牛の何割かは太り過ぎています。生まれてくる子牛の肉付きがばらつく原因と防止対策を教えてください。

A 生まれた直後の子牛という観点から考えると、まず間違いなく、母体内での胎子の栄養の摂取状態が影響していると考えられます。

質問に関して考えるべき観点は、以下の3点です。

①母体内での胎子の栄養摂取メカニズム
②胎子の妊娠期間（約280日間）中の成長スピード
③胎子を妊娠している母体側の栄養摂取状況

どのように、どの時期に、どれだけの栄養が胎子に供給されるかが大切であり、上記3点を中心に考えてみます。

どのように栄養供給されるか

母体内での胎子の栄養摂取のメカニズムは、分娩時点での胎子の太っている、太っていないを考える上で非常に重要になってきます。当然のことですが、胎子の栄養摂取機構は母体との接点でもある、胎盤を介して行われています。その流れを簡単に説明すると**図**のようになります。

胎盤を介して母体から胎子へ向かって栄養が供給されるのですが、その栄養を伝達するメカニズムには大きく2つあるとされています。

1つは、栄養濃度が高い母体から栄養濃度の低い胎子へ向かって供給されるシステム（拡散モード）です。簡単に言うと濃度が高い部分から低い部分に拡散して、平衡状態を保つという仕組みです。

もう1つは、濃度の差には全く関係せず、胎子側が積極的に栄養を取り込もうとするシステム（引作用モード）です。

乾乳期が胎子成長の重要ポイント

胎子の成長には特徴があり、妊娠期間（280日間）内で、妊娠日齢に比例する形で成長するのではなく、乾乳期間、つまり分娩前の約60日間でかなりの成長を遂げるといわれています。割合から見ると、分娩直後体重の約60％がこの60日間で成長するということになります。

つまりこのことは、母体側から考えれば、乾乳期間中の摂取栄養量が胎子成長のキーポイントといえます。また、胎子側から考えれば、胎盤を介して摂取した栄養量が重要なポイントになると思われます。

子牛に影響する要因とその仕組み

母体は1度妊娠が成立すれば、以下のように、妊娠を維持するために栄養を振り分けているといわれています*。

①生体維持
②胎子関係物の成長
　A　胎子
　B　胎膜
　C　子宮の成長
　D　乳腺の成長
③成長
④体脂肪の蓄積

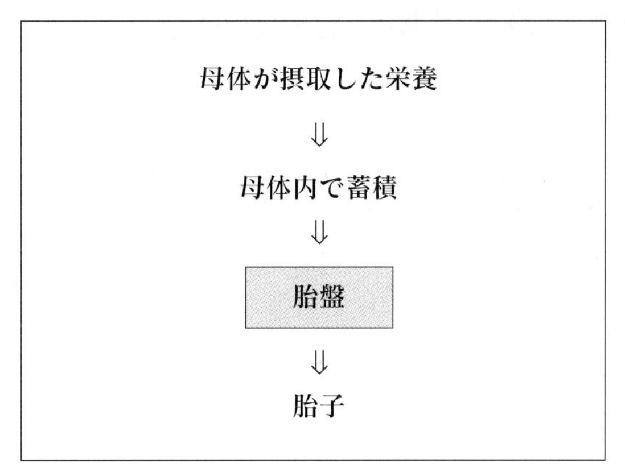

図　胎子の栄養摂取の流れ

(Charles J .Sniffen,PHD;ウイリアムマイナー農業研究所日本事務所Dairy Science Update FEB 1995,052より一部改変して重引)

１度妊娠した母体側から考えれば、母体の生体維持に次いで、胎子関係物の成長（胎子成長）が優先順位として挙げられていることに注目する必要があると思います。つまり、妊娠期間中の胎子への栄養の配分は、優先順位としては高い部分にあると考えられます。

以上を踏まえた上で、質問の内容を検討すると以下のようなことが考えられます。

妊娠が成立した母体は、上述したようにその栄養配分で比較的上位にある胎子を含めた胎子関係物の成長のために振り分けられます。この妊娠時点において母体が低栄養状態にさらされることがあったとすれば、母体側の反応として、妊娠を維持しそれらを成長させるために代償性の反応として、胎盤の表面積を大きくし、胎子への成長のための栄養の伝達効率を上げようとします。

そこで、胎子が最も成長する乾乳期において、リードフィーディングなどのクロースアップの栄養管理を行うことにより、母体内には、より多くの栄養が入ってくることになります。このとき、上述したような代償性の反応（胎子への伝達の効率をより上げるために、胎盤の表面積が大きくなる）を起こしている場合、クロースアップ期において栄養濃度の高い母体側から、拡散モードによって胎子側へどんどん栄養が送られてくるということになります。このような原因で生まれてくる子牛が太っていると考えられます。

あえて説明をすると、クロースアップ管理という技術を否定しているのではなく、妊娠時点においてなぜ母体が低栄養にさらされなければならなかったのかということを考えるべきであり、その原因を読者自身、もしくは身近な方と考えていくべきであると思います。

【山口　剛】

*:Charles J .Sniffen,PHD；ウイリアムマイナー農業研究所日本事務所Dairy Science Update　FEB 1995,052より重引

注：本稿で説明する一連のメカニズムは、アメリカ・コーネル大学の研究により多くのことが証明されたという内容について、ウイリアムマイナー農業研究所日本事務所、伊藤紘一氏よりご教示いただきました

参考資料

・北海道乳牛検定協会出版G１、「ドラマチック乾乳牛」　河原隆人　1995.8

・滋賀県農協酪農部連絡協議会セミナー資料、菊地実　2000.1

Q6 難産で生まれた子牛はなぜ虚弱か

難産で生まれた子牛は通常の管理をしても虚弱な感じがします。その理由を教えてください。また、対応策を教えてください。

A

細胞機能の低下

子牛が虚弱になる原因にはいくつか挙げられますが、1つに分娩時の難産があります。子牛は出生すると自分で酸素を確保しなければならないので、出生後直ちに呼吸を始め肺の中に空気が送られて酸素を確保します。そのために出生後、真っ先に肋間筋や横隔膜を使って肺を膨らませて肺に酸素を送り込まなければなりません。しかし難産のときには、強いストレスのため全身が疲労しており、仮死状態で生まれてくることもたびたびあります。このような場合には子宮内で胎水を誤嚥(ごえん)することもあり、気道の中に羊水を飲んでいることや、ストレスによって呼吸にかかわる筋肉の疲労によって呼吸自体が弱いことなどは体の中に酸素不足をもたらします。

健康な体は体内の血液を一定のpHになるように保っていますが、呼吸不良によって酸素が不足し、二酸化炭素が蓄積するため、pHが低下してアシドーシスの状態になります。アシドーシスでは全身の細胞の代謝が緩慢になり、すべての細胞の機能が低下し、衰弱をさらに増強すると考えられます。難産によってストレスや酸素不足など細胞機能を低下させる原因が加わると、腸管では吸収機能が低下し初乳を与えても十分に吸収できません。ですから免疫機能が活性化しなかったり、腸管の機能が十分でないために、哺乳すると未消化となり下痢をしやすくなるわけです。これらが難産で生まれた子牛が病弱になりやすいとされる病態です。

難産になる理由

難産になる理由には、母牛側の問題と子牛側の問題、そして母牛側と子牛側の問題双方が複合する3つの場合があります。一般的に考えられる難産の原因の1つは、初産牛に代表される母牛の分娩時における体格によるもので、分娩するため必要な骨盤の大きさが十分でない場合です。もう1つは骨盤を通る子牛の大きさや体型です。これらについては、しっかりとした体型をつくる育成管理の徹底や、受精時に母牛の体型や年齢を十分配慮して血統を考慮した精液を選択するなどの生産者の配慮で対応可能と思います。3つ目がこれらの問題とは異なる原因を持つ失位です。失位は陣痛の微弱や胎子の衰弱が影響することは考えられていますが、はっきりとした原因は分かっていません。

母牛の栄養状態と胎子

産前産後の疾病

さらには母牛の妊娠期間の栄養状態も子牛の難産に影響する可能性があります。クロースアップ期は胎子が急成長することに加え、分娩が近づくにつれ次期泌乳のために乳腺も急激に発達するので、母牛の栄養要求量が急激に増します。ここで十分な栄養を確保していない母牛は栄養不足からさまざまなホルモンの産生能やホルモンの感受性が下がり、糖やアミノ酸、ミネラルなどのさまざまな調節機構に狂いが生じます。その結果、分娩前後に低カルシウム症、胎盤停滞、乳房炎などさまざまな疾病を発症します。これらの病気では難産も起こりやすいといえます。低カルシウム症では子宮筋の収縮も緩慢で陣痛も弱いことが指摘でき、また胎盤停滞は子宮の機能低下が原因している可能性があります。母牛の陣痛が弱い場合には難産になりやすいわけです。

クロースアップ期の点検を

クロースアップ期の母牛の低栄養は胎子にどう影響するのでしょう。健康な胎子は胎子期によく運動し、分娩時に子牛自ら正常な体位に移動して娩出されます。しかし、失位で難産になるような子牛の中には胎子期の筋肉など骨格の成長が十分でなく、あまり活発に運動しないために正常な体位への移動ができずに分娩が始まることがあります。この場合には難産になりやすいことは当然ですが、胎子期から健康ではない子牛は出生しても引き続き病弱であると考えられます。胎子期の成長に最も影響するのは母牛の栄養状態ですから、乾乳移行期の低カロリー飼料と同じ飼料内容でクロースアップ期の妊娠牛を管理すると胎子が十分成長せず、虚弱になりやすいわけです。

虚弱子牛への対処方法

適切に初乳を準備

まずは母牛の妊娠末期の飼養内容をもう一度確認しましょう。十分な質の良質粗飼料を給与し、濃厚飼料も与えて増し飼いしなければなりません。最近では、初乳を介してヨーネ菌や白血病ウイルスが母牛から子牛に感染することが分かってきています。ですから、これらの病原体に感染した母牛から搾った牛乳は子牛に与えないようにします。

対処方法としてはほかの健康な牛の初乳をあらかじめ冷凍保存しておいて必要時に与える、市販の粉末初乳を与える―などの方法があります。しかしこれはあくまで母牛が何らかの感染症に罹患（りかん）しているときの場合であって、あくまで母牛の初乳を加工せず与えることが望ましいと考えます。

低温下に置かない

虚弱な子牛は低体温になりやすいため、保温には十分な注意が必要です。敷料はよく乾燥した麦桿や稲ワラなどのストロー類、廃紙、チップなど保水性や保温性が良いものを利用します。糞尿で子牛が汚染すると体温の低下を起こしやすいので、敷料は健康な子牛に比べて頻回に交換したほうがよく、特に冬季には赤外線保温器などを用いた保温管理を徹底し、安定した温度下に置く必要があります。

換気を頻繁に

また虚弱な子牛は肺の換気能が低いため体の酸素が不足しやすく、また免疫抵抗性も低いため、肺炎を発症しやすいので、換気には十分に注意を払い新鮮な吸気を与えなければなりません。アンモニアなどは粘膜刺激性が強いので、できるだけ衛生的に管理し頻繁に換気するなど、空調に注意する必要もあります。

母牛の給餌内容

虚弱子牛を出生させないためには、母牛の妊娠後期から分娩後にかけての栄養管理が子牛の胎子期の成長に直接影響するので、良質な１番草を飽食にし、増し飼いをする必要があります。さらにビタミン含量の低い粗悪な粗飼料やミネラル不足土壌で栽培された粗飼料の給与によりビタミン・ミネラル類が不足した母牛からの新生子牛では、虚弱な子牛が生まれやすいので、妊娠牛に十分なビタミン・ミネラル類を与えることも必要です。

そのほか、初乳中の抗体価を上げるために、母牛へのワクチン接種を行うことも効果的であるといわれています。一方、母牛の妊娠期におけるBVDウイルス感染では、胎子にウイルスが感染して出生子牛が虚弱子牛症候群になるので、母牛のBVDウイルス感染は防止しなければなりません。　【大塚　浩通】

Q7 初乳の意義・給与のタイミング

初乳を飲みたがらない子牛には、どのようなタイミングで、どのくらいの量を飲ませるとよいですか。

A

哺乳行動とは

初乳を飲みたがらない子牛に対して、どれくらいの量の初乳をどのタイミングで与えるのが適当であるかを判断するのは難しい対応です。本来、初乳を与えるのは抵抗力を付けるためであり、自然に健康な状態で生まれた子牛は普通30分もすると起立して1時間もたつと母牛の乳首を探し始め、初乳を好きなだけ飲みます。野生の子牛は家畜と異なり病原性の強い微生物の感染を受けながらも、適正に初乳を飲み、下痢をせずに成長するわけですから、われわれが飼育している子牛が簡単に下痢をする原因には、子牛の管理方法の問題を挙げる必要があります。

適当な初乳の給与方法を述べるなら、「出生子牛が哺乳行動を示した時に、初乳を飲みたいだけ飲ませる」、また、「母牛から搾った牛乳を3日間、暫時与える」ということです。

本稿では初乳の意義と、初乳を飲みたがらない子牛に対する初乳給与の考え方、そしてどの部分を人の手で補うかを考察したいと思います。

なぜ飲まないか

子牛が出生後に起立し、初乳を飲もうとするのは必ず起こる生理反応ですが、何らかの理由によって初乳を飲みたがらないことはしばしば見られます。この場合には、病的なものと病的でないものの大きく2つに対応することが望まれます。

虚弱子牛症候群への対応

子牛が病的に出生する原因には、胎子期の成長が不十分、難産、胎子期における病原微生物の感染—などが挙げられ、原因によって多少症状は異なりますが、出生時から病弱であり、活気がなく、出生後の起立時間の延長、低体重、低体温、やせ気味で体幅が薄く、貧血、被毛粗剛などの所見が観察されます。このような虚弱子牛症候群といわれる子牛が出生した場合には、子牛を獣医師に診療してもらい子牛が哺乳欲を示すのを確認してから初乳を与えても初乳は腸管から吸収できます。なぜなら、出生後体調不良の子牛では体内の諸器官があまり活動を始めていないため、無理に初乳を与えても腸管からは吸収されず消化管内に停滞するだけなので、あまり効果的でないからです。病弱な子牛を出生させないためには、出生前からの母牛の管理を再度確認して適正にすることが必要です。

見た目が正常な子牛には強制給与

一方、外観では健康で出生後の起立時間も正常であるのに初乳だけは飲まない子牛に対して初乳を与える場合は、ストマックチューブなどを用いて強制的に与える必要があります。

初乳は命令と武器、一部食料

初乳とはすなわち子牛の免疫であるから、十分与えれば子牛は免疫力を確保できると論じた文をよく目にします。これは正しい部分もありますが明らかな誤りでもあります。いくら良質の初乳を与えても感染症にかかる子牛があるのでつじつまが合いません。ここで子牛の免疫について簡単に説明します。

軍隊を免疫力と例えるなら、兵隊は白血球であるといえます。兵隊が戦争をするときに必要なのは訓練、命令、武器、食料などです。初乳はこの中で例えるなら、命令と武器、一部食料と考えるのが妥当でしょう。初乳は白血球の武器になる免疫グロブリンを大量に保有し、消化管から吸収されると白血球を刺激し活性化させます。そのことで免疫反応が円滑に機能して、腸管や気管・肺などに侵入した病原微生物を排除しようとするのです。では初乳を十分に与えても病気がちな子牛がいるのはなぜでしょう。免疫反応において活動するのはあくまで白血球であり、初乳は腸管から吸収され初めて効果が現れます。仮に白血球そのものの機能が低下していたり、消化管の機能が低くて初乳を十分に吸収できないような虚弱な子牛であれば初乳をいくら与えても効果が十分に出てくるとはいえません。

十分な吸収には胎子期の成熟が不可欠

上述しましたが、初乳を十分吸収できる健常な子牛の産出には胎子期の成熟が欠かせません。酪農家の中には「うちの子牛は初乳を４ℓやっているから、免疫力が強くて病気になりにくい」と思っている方もいるかもしれません。これに対して２つのことがいえます。

１つは大量の免疫物質を消化管から吸収したので、体が活性化し、免疫機能も上がったということ。２つ目には大量の免疫物質を下痢することもなく吸収できる消化管の機能が十分であった、すなわち生まれながらにして強靭（きょうじん）な体を持って出生してきていたということです。初乳は大量に与えたからといって免疫抵抗性の高い子牛になるわけではありません。

時期が遅れても吸収できるケース

初乳を給与するタイミングは重要で、出生した直後に飲ませるというのはあくまで健常に出生した子牛に対してです。中には出生時からなかなか起立せず乳首を吸引しない子牛もあります。この原因には難産の後遺症や胎子期の未成熟などが挙げられ、つまり出生時に虚弱であるということです。初乳を早く飲ませなければならないのは、健常な子牛では出生後24時間以内に第四胃が機能し始めて免疫グロブリンなどの初乳成分を消化してしまうためですが、虚弱な子牛は出生後に各臓器が機能しないために健常ではなく、初乳を吸収できるタイミングが遅れているので無理に給与せず、子牛が哺乳欲を示してから与えても初乳成分を吸収できると考えられます。

母牛と子牛の関係

ここで考慮すべきは子牛の出生前の成長です。胎子は子宮の中で、胎盤を通して母体の栄養や酸素を受け取って成長します。特に妊娠末期には胎子が著しく成長するので、胎子の栄養要求量は非常に高くなります。しかしこの時期に母牛が何らかの疾病を発症して食欲が軽減したり飼育管理に問題があって栄養バランスが崩れると、胎子に届けられるはずの栄養素も減少するので、骨、筋肉、内臓や血液に至るまで、胎子の成長が悪くなります。胎子期の成長が十分でないまま出生した子牛は未熟ですから、初乳を飲ませる前から活力がなく病気がちです。また周産期疾病を発症する母牛が分泌する初乳の成分は健康なものと比べ成分が希薄で異常があります。分娩後に母牛が病気がちの牧場では子牛も病気がちなことがありますから、問題牛が娩出した子牛と初乳は分娩時から異常のあることを生産者は考慮して、普段から注意深く子牛を観察する必要があります。

一方、母牛が子牛をなめる行為は出生後の子牛の覚醒（かくせい）を促します。初乳を与えるときには、出生後の子牛を10〜15分程度なめさせるか、タオルなどで10〜15分程度全身をふいた後、子牛が起立して哺乳欲を示してから与えるのが順当です。初乳を４ℓ与えても、それが十分吸収できないときにはかえって下痢をすることもありますので、初乳の給与量は子牛に合わせてほどほどに対応することを薦めます。　**【大塚　浩通】**

Q8 初乳を飲みたがらない子牛への強制給与

生まれた直後に初乳を飲みたがらない子牛がいます。ストマックチューブで強制的に流し込むのと、時間を置き自力で飲むまで待つのとどちらがよいでしょうか。

A

環境の急変と自発呼吸

生まれたばかりの子牛は母牛の胎盤から厳しい環境への大きな変化を強いられます。へその緒が切れた子牛は自発呼吸をする必要があり、出生時の状態によっては産道を通過するまでに分娩前に蓄えた体力をかなり消耗していると考えられます。また、自発呼吸の際に羊水を吸い込んだり、産道通過の際に圧迫による口腔の炎症が起こる場合があり、このような状態は一種の病的状態で、初乳を飲めない大きな要因であると推察されます。

強制哺乳のメリット・デメリット

初乳給与の際の重要なポイントは、①出生から哺乳までの時間、②清潔な出生環境と哺乳器具、③初乳の品質と給与量―です。この３点のどれを欠いても離乳後の育成に大きく影響します。子牛は十分な抗体（初乳）が口から入って腸管から血液に直接移行し、体内に入ってくる病原体の侵入を最小限に食い止めます。初乳に含まれる抗体の腸管からの吸収能力は生後急速に低下し、12時間以降は半減、24時間以降は免疫獲得能力が消失します。初乳を飲めない子牛は、②の初乳の給与時間に影響が出るため、ストマックチューブによる強制哺乳は、分娩後の病気を予防するだけでなく、育成期の増体に影響するためコスト面でも大変重要です（**写真1**）。

半面、ストマックチューブで哺乳し、作業がスムーズに実施できなかった場合に子牛は次回の強制哺乳を非常に嫌がります。自然哺乳できない牛は口腔周辺に炎症などを起こしている場合が多いので、迅速な作業ができるように訓練が必要となります。

出生状態の確認

分娩に立ち会っていない場合も多く見られますが、出生した子牛の状態を十分に観察しましょう。自発呼吸や子牛の活力の有無、口腔周辺の発赤などの炎症、分娩環境の清潔さを確認します。難産である場合を含め、常に手際の良い初乳給与作業をするためにあらかじめ強制哺乳の準備に備える必要があります。特に母牛の初乳の品質が良くない場合を考え、農場の作業具合によっては、凍結初乳を解凍する準備をしておくと作業性が向上します。

選択の基準と給与量

初乳を飲ませるかの判断は、子牛が初乳を飲めない、または飲もうとしないことが目安となります。強制哺乳の選択基準は出生時の子牛の状態確認で状態が良くない場合は躊躇（ちゅうちょ）せず強制哺乳を選択しましょう。口を動かして飲もうとする場合は、頻回の哺乳にトライし４時間以内に２ℓ以上、さらに出生後12時間以内に追加で２ℓ以上飲ませましょう。

強制的に初乳を給与した場合、哺乳ボトルで子牛が自力で哺乳した場合と比較して免疫の獲得能力が多少低くなります。強制哺乳の

写真1　出生直後のヌレ子

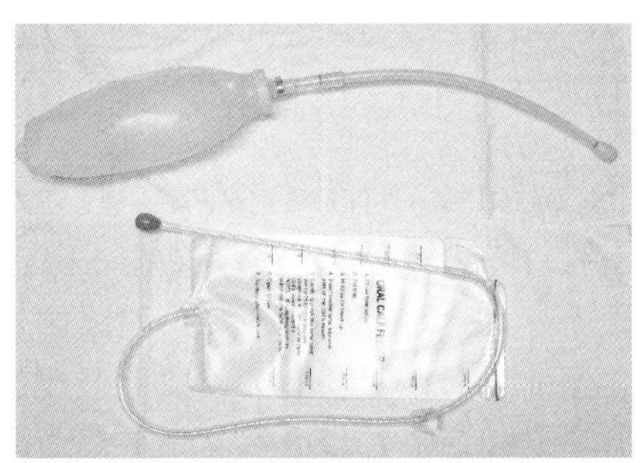

写真2　ストマックチューブ
上：ボトルタイプ、下：使い捨てタイプ

場合、4ℓの哺乳が必要とされています。初産牛は、IgG抗体の量が少ないのでコロストロメーター（比重計）で品質を確認するか、もしくは凍結初乳の給与を選択するべきでしょう。

ストマックチューブの種類（写真2）

初乳を強制哺乳の場合はストマックチューブを使いますが、使い捨てタイプとボトルタイプの2種類があります。それぞれにメリット・デメリットがありますが、各農場の管理基準状況に応じて使い分けましょう。

使い捨てタイプ

初乳をパックに詰め込みつり下げるタイプです。4ℓ哺乳が可能で、清潔に使用できるのがメリットです。給与の際に持ちにくいのが難点であるといえます。器具が十分に消毒できない農場ではこのタイプを選択したほうがよいと思われます。

ボトルタイプ

2～3ℓの哺乳が可能で、清潔に管理することで多回数使用できます。人工初乳など粘張性の高い初乳を投与する場合、初乳を流し込む作業がしやすいことがメリットです。器具の洗浄・消毒が可能なこと、衛生的に使用できること、多回数の哺乳が可能な農場はボトルタイプを選択するほうがよいと思います。

両タイプともチューブの先端のボールが大きく感じる場合でも先端を外すことのないように注意する必要があります。

ストマックチューブの使い方

子牛の保定

子牛と同じ向きに立って、首を両足で挟み、子牛が動かないようにしっかり保定します。片方の手で子牛のあごを下から支え、口から食道に引いた線が床面と水平になるように保定します。このとき子牛が虚弱で立てない場合は、最低でも背中の向きが真っすぐ上になるように保定します。

チューブの挿入

チューブは子牛の口から食道の方向に沿った形で、チューブ先端の位置をイメージしながらゆっくりしたテンポで挿入します。チューブ先端はあらかじめぬらしておきましょう。子牛はあまり動かない場合が多いと思いますが、動いてしまうと食道や喉頭を傷付けてしまいますので、しっかり保定します。

初乳の流し込み

チューブ先端が食道に十分挿入されていることを確認した後に、食道と口とストマックチューブを固定したままゆっくりと上向きに傾けます。流れない場合は先端の穴が食道に当たっている場合ですのでチューブを少し引いてやることで流れます。初乳が全部流し込まれた後にすぐ抜き取ると、チューブに残った初乳が気管に入ってしまうことがありますので一呼吸置いてからゆっくりと抜きます。

給与器具の管理

強制哺乳に限らず器具の衛生的な管理（洗浄・消毒・乾燥）と器具の置き場所の整理整頓は必ず行いましょう。初乳給与時間を速やかに行うためには、事前の準備が大切です。またストマックチューブの先端がこすり切れたり、とがった部分がある場合は速やかに交換しましょう。　【高橋　俊樹】

Q9 初乳サプリメントを効果的に使う方法

初乳サプリメントを使えば初乳は必要ないのですか？　初乳と一緒に使うとすればどのような方法で使えばよいのでしょうか。

A

免疫獲得のための３要素

初生子牛は初乳を飲むことによって免疫力を獲得します。初生子牛にとって初乳は、健康に生きていくためのカギを握るものです。初乳の品質は、初乳中に含まれる免疫抗体の量によって評価されます。ところが、初乳中に含まれる免疫抗体の量は、母体の飼養環境、飼養歴、産次数などによってさまざまです。例えば、初産牛の初乳は経産牛に比較して免疫抗体の量が少ない（低い）といわれています。このことは、いくつもの研究や調査によって明らかにされています。

これを理解した上で筆者は、母体が過ごした分娩前の飼養環境、それと密接に関連する栄養摂取量、そして初乳の泌乳量が初乳の品質に強く影響していると考えています。つまり、初産牛であっても十分な免疫抗体を含むものがある一方で、経産牛であってもそれが不足している個体があります。この違いは、個体の問題であると同時に農場で分娩前の牛をどのように飼養しているかという群の問題でもあります。

いずれにしろ、初生子牛は初乳から免疫抗体を獲得しなければなりません。初生子牛の免疫獲得量は次の３つの要素によって決定されます。

①初乳の摂取量
②誕生から初乳を摂取するまでの時間
③初乳の品質

人為的にコントロールできるのは、①と②です。この２つが理由で子牛の免疫力が低いとすれば、それは管理上の問題であり、やり方を変えることでいかようにも対応することができます。しかし、③の品質はどうしようもありません。そこで、考え出されたのが初乳を冷凍保存し解凍して哺乳する方法です。

冷凍初乳と初乳サプリメント

冷凍初乳として価値があるのは次の３つの要件を満たしたものです。

①初乳の品質（免疫抗体の量、比重）が確認され一定程度以上である
②初乳を生産した個体とその飼養履歴が明らかである
③ヨーネ病や大腸菌などの病原微生物に汚染されていない

これらの冷凍初乳を賞味期限内で使用したとしても、解凍時に高温にさらすような不適切な方法があれば免疫物質が破壊され、凍結初乳の価値そのものを失います。

これらの問題を容易に解決し、なおかつ誕生した初生子牛に確実に免疫物質を摂取させるために開発されたのが初乳サプリメントです。

初乳サプリメントは、初乳を原料としてつくられます。初乳に含まれるタンパク質は、いわゆる動物性タンパク質に分類されますが、牛に給与することは許可されています。

かつては、血液成分から必要な特定成分を抽出した製品がありましたが、現在は市販されていません。従って、現在入手できる初乳

表　初乳の品質を評価するための比重の目安

	優	良	不可
経産牛	1.060	1.060～1.050	1.050未満
初産牛	1.050以上	1.050～1.040	1.040未満

注：乳温20℃で測定した場合、40℃で測定した場合は0.008を加えて評価する
資料：北海道立根釧農業試験場「乳牛の繁殖モニタリングシステム」より

サプリメントはすべて安全なものです。

初乳サプリメントと哺乳の要点

サプリメントの給与量は、製品によって異なります。大切なのは、製品の給与量ではなく、製品から供給される免疫抗体の量です。免疫抗体（免疫グロブリン）の大部分はIgGですが、IgM、IgAも多少は含まれています。

免疫力を高めるために必要な考え方は、次の2つです。

①生後24時間以内（哺乳作業で考えればおおむね12時間）に摂取できた免疫抗体の量

②サプリメントでつくられた初乳が細菌学的に清潔で病原性微生物を含んでいないこと

誕生から24時間以内にどれほどの免疫抗体を摂取できるかが重要であることは周知の通りです。同じく、免疫力を獲得させるために飲ませる初乳が病原微生物に汚染されているとすれば、それは大きな矛盾です。

これらの意味から、どれほど優れた初乳サプリメントでも、哺乳の方法および哺乳時の細菌学的な清潔さによって効果は異なります。

サプリメントのみ

製品によって給与する量の推奨量が異なりますので、一概に1頭1日何gとは決められません。また、管理者の考え方によって、初乳の給与量を多くする農場もあります。

共通していえることは、初生子牛が誕生後に飲む意欲が出次第、直ちに飲ませることです。

初乳サプリメントのみを哺乳する場合と初乳にサプリメントを追加して哺乳する場合があります。

初乳サプリメントのみを給与する場合は、生後24時間以内に免疫グロブリンの量として100g以上が目安になります。各製品に示されている免疫グロブリンの量から計算して哺乳量を求めます。多くの場合は、パッケージに示されている給与量が哺乳量です。

初乳との併用

母体から獲得した初乳にサプリメントを加えて哺乳するケースがあります。これは、初乳に含まれる免疫グロブリンの量が少ない場合に補完するのが目的です。免疫グロブリンの量は初乳の比重を計測して求めます。比重を判定する時の目安、留意事項は**表**を参照してください。

精密に哺乳しようとするのであれば、初乳の比重から不足する免疫グロブリンの量を求め、それを補うための量を求めて加えることになります。しかし、この対応には意味はなく、初めから免疫グロブリンは不足しているととらえ、サプリメントを加えるという考え方もできます。

初生子牛に必要な免疫抗体量に製品2袋でなる場合は1袋を、製品1袋でなる場合は半量を母牛由来の初乳に混合して哺乳します。

【菊地　実】

Q10 軟便・下痢の原因と対処

生まれて５日から７日で大半の子牛が軟便か下痢になります。これは正常なのでしょうか？　異常だとすれば何が原因で、どうすればよいのでしょうか。

A 正常な子牛は、軟便や下痢などを発症せずに成長していきますので、大半の子牛が下痢になるというのは間違いなく異常です。生後１週間以内の下痢では、大きく分類すると感染性下痢および消化不良（非感染）性下痢の２種類の原因が考えられます。

感染性下痢

原　因

①細菌性下痢（大腸菌、サルモネラ菌）
②ウイルス性下痢（ロタウイルス、コロナウイルス）

症　状

①黄白色から灰白色の水様下痢便
②元気沈うつ、飲欲低下もしくは廃絶
③脱水、発熱（虚脱時には低下）、重症になると起立不能となる
④同居子牛への感染

対処法

①経口補液剤の給与
②生菌剤の投与
③一時的な断乳（液状飼料の給与中止）
④保温
⑤様子を見ずに早めに獣医師に連絡
注：初期（重篤時）には、止瀉（ししゃ）薬は効果がない場合が多い
⑥ほかの子牛への感染力が強いので隔離する

予防法

①適切な初乳の給与（生後12時間以内に3.8ℓ以上）
注：初産牛の初乳中IgG（免疫物質）濃度は低いことが分かっているので、人工初乳を追加するか、経産牛の初乳を給与するとよい
②母牛への下痢予防ワクチン接種（イモコリボブ、下痢５種混合ワクチンなど）
注：牛の受動免疫（母子免疫）のほとんどが初乳によるので、母牛へワクチンを接種しても、その牛から搾った初乳を飲ませないと意味がない
③環境の改善（消毒や清掃による感染源の減少、寒冷ストレスの減少など）
④哺乳器具の衛生管理（哺乳瓶またはバケツの消毒など）

消化不良（非感染）性下痢

原　因

①代用乳の調整不良（濃度、温度など）、代用乳の劣化（腐敗など）、生乳の質の低下（乳房炎など）
②液状飼料（代用乳および生乳）の過飲

症　状

①黄色から灰白色の軟便もしくはクリーム状（泥状）下痢便
②比較的元気で、飲欲もあまり低下しない
③脱水は、ほとんど認められない

対処法

①一時的な断乳（液状飼料の給与中止）
②経口補液剤の給与
③止瀉薬や生菌剤などの投与

予防法

①代用乳の品質および希釈法の改善
②生乳の品質管理（体調不良牛や乳房炎牛からの生乳は絶対避ける）
③給与量の適正化（体重×0.1kg / 1日）

乾乳期の栄養管理が子牛に影響する

軟便や下痢の多くは、上記した原因の複数が関連しあって発症している場合が多いです。また、消化不良性の下痢により免疫低下を引き起こして、感染性下痢を誘発し重篤化するケースも多いので、飼養管理には細心の注意を払う必要があります。

最近の研究では、下痢を発症する子牛は、発症する前から免疫が低下していることが明らかとなり、出生時に既に免疫力が低い子牛がいると考えられます。また、母牛における乾乳期の栄養不良が子牛の免疫システムの構築に悪影響を与えることが分かってきました。このことから、下痢に罹患（りかん）しない健康な子牛を育てたいのであれば、出生後の適切な管理はもとより、乾乳期（妊娠末期）の母牛の栄養管理も適切に行わなければなりません。間違っても、乾乳期に体重やボディーコンディションスコア（BCS）を下げるような飼養管理はしてはいけません。

外的ストレスから子牛を守る

子牛は、親牛に比べて外的ストレスに対して弱い動物です。特に温度変化の激しい時期には、著しいストレスを受けて免疫低下を引き起こします。そのため、極寒期や季節の変わり目などは特に注意して保温に心掛けてください。また、糞尿から発生するアンモニアも子牛にストレスを与えるので、搾乳牛の後ろ（尿溝付近）で飼うのは避け、敷料をきれいに保ち、暑熱時には換気を十分に行ってください。

バナナで簡単！ 疾病予防

子牛の免疫を活性化させる方法として、果物であるバナナの給与をお勧めします。バナナの子牛への給与は、子牛の免疫に大きく関与しているTリンパ球の数を増やし免疫力を活性化させることから、下痢などの疾病予防効果があることが明らかとなりました。給与方法は、子牛1頭に対してバナナ1本（シュガースポット〈茶色い斑点〉の現れた、熟したバナナが効果あり）を1日1回、ミキサなどで生乳もしくは代用乳と混ぜて給与します。嗜好（しこう）性が良いので喜んで飲んでくれます。

下痢発症の有無が一生を左右する

幼齢期の下痢は、栄養吸収障害や脱水などによる増体の一時的な停止のみならず、胸腺（子牛免疫の中枢器官）を傷害して、その後数カ月の間免疫を低下させます。そのため、幼齢期に1度下痢を発症した子牛は、その後も下痢を再発したり、風邪にかかったりと後々まで悪影響を及ぼします。言い換えれば、幼齢期に下痢を発症するかしないかは、その牛の一生の抗病性や生産率に大きな影響を与えるといえます。このことからも、出生した子牛は、人間の赤ちゃんを育てるのと同じように、細心の注意を払いながら、良質なミルクを与えて、きれいな環境でストレスなく育ててあげてください。その努力（労力）は、将来子牛が健康で高い能力の牛になり報われるはずです。　**【松田　敬一】**

Q11　下痢子牛への電解質溶液、代用乳の給与方法

下痢子牛には電解質溶液とミルク（代用乳）を飲ませています。これらは時間を空けずに飲ませるとよくないと聞きました。どのような方法で飲ませるとよいのでしょうか。

A　下痢の子牛に電解質溶液を給与する目的は、下痢によって失われた水分やミネラルなどを補給するためです。しかし、ミルクと電解質溶液を時間を空けずに摂取させると、下痢を助長する可能性があります。

ミルクを摂取すると第四胃にタンパク質の凝塊（カード）ができる

ミルクと電解質溶液を短時間の間に続けて給与してはいけない理由を理解するためには、まず、子牛がミルクを摂取したときに体の中で起こっていることを思い出してもらわなければなりません。ご存じの通り、牛には胃が４つあり、第一胃と第二胃を合わせて反すう胃と呼びます。粗飼料や濃厚飼料といった固形の飼料は、反すう胃に入った後、反すうを経て、飼料がある程度以上に小さくなると第三胃を経由して第四胃へ送られます。しかし、子牛がミルク（生乳や代用乳）のような液状の飼料を摂取した場合、食道から第四胃の入り口まで直接連絡する溝（食道溝）が形成され、液状の飼料は食道から第四胃へ直接流れ込みます（**写真１**）。第四胃は私たち人間の胃とほぼ同じ特徴を持っており、胃酸や酵素が分泌されています。第四胃で胃酸や酵素がミルクの中のカゼインというタンパク質に作用すると、カードと呼ばれる凝塊が形成されます。**写真２**は、初乳を摂取したときのカードです。常乳や代用乳を摂取したときは乳タンパク質濃度が低いので、これほどの量のカードは形成されないでしょう。カードが形成される際には、ミルクの中の脂肪もカードの中に取り込まれます。カードは、胃酸や酵素の消化作用を受け、少しずつ分解され、小腸以下の消化管に流れていき消化・吸収されます。

カードが形成されるためには、第四胃内容物のpHがある範囲内に収まっていることが

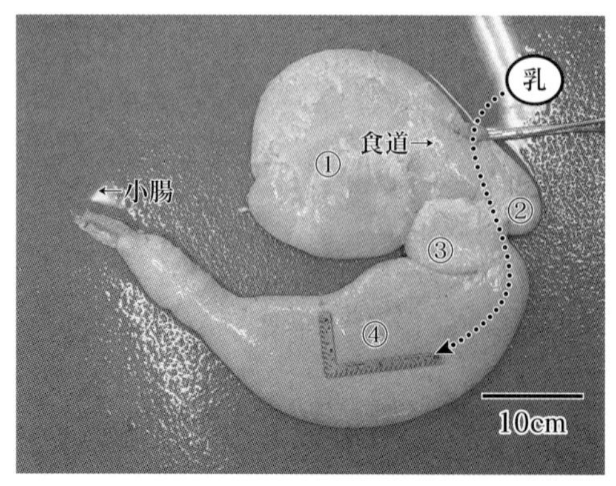

写真１　第四胃への乳の流入経路
（①第一胃　②第二胃　③第三胃　④第四胃）

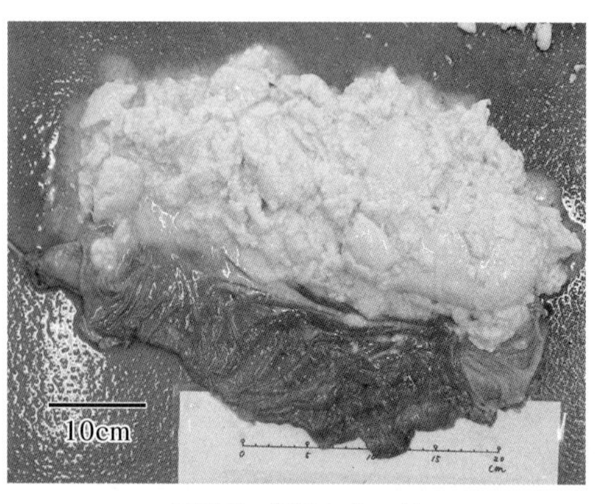

写真２　初乳のカード

条件となります。pHは水溶液の酸性とアルカリ性の程度を表す指標です。pH７が中性で、これより数字が小さくなるほど酸性が強く、数字が大きくなるほどアルカリ性が強くなります。胃液そのもののpHは１に近く強酸ですが、第四胃内容物のpHは通常２～３くらいです。カードが形成されるときの最適なpHは、酸がカゼインに作用する場合はpH4.6、キモシンという酵素が作用する場合はpH6.5、ペプシンという酵素が作用する場合はpH5.2が最適だといわれることから、pH4.6～6.5くらいの範囲でカードが形成されやすいのではないかと思います。

子牛がミルクを摂取すると第四胃内容物は希釈され、pHは高くなります。pHがどれくらいになるかは１回に給与するミルクの量などにより異なると思いますが、ミルクを自由摂取させると１回に摂取する量は１ℓ程度だといわれることや、ホルスタイン種雌牛の人工哺乳では１回に２ℓ程度給与して特に問題がないことを考え合わせると、ミルクを１～２ℓ程度摂取したときに子牛の第四胃内容物のpHが4.6～6.5を大きく逸脱することはないのでしょう。

ミルクを摂取した後、胃酸が分泌され第四胃内容物のpHは少しずつ下がっていきます。これに伴い、カードの形成や消化が始まり、凝固しないほかの成分は小腸以下に流れていきます。

ミルクと電解質溶液を短時間の間に続けて給与してはいけない理由

電解質溶液に含まれている成分のあるものは、酸を中和したりミルク中のカルシウムと結合したりします。子牛がミルクを摂取することで第四胃内容物のpHは高くなりますが、その後に時間をあまり空けないで電解質溶液を摂取すると、酸が中和されることでpHがさらに高くなる、あるいは、既に高くなっているpHが下がりにくくなります。また、カゼインを凝固するためのレンニンという酵素はカルシウムを使えないとうまく働かないのですが、電解質溶液中の成分がカルシウムと結合してしまうと、レンニンはカルシウムを使えなくなります。このとき、子牛はミルクを摂取したにもかかわらず、カードの形成は阻害される可能性があります。カードが形成されないと、本来カードとして第四胃で時間をかけて消化されていたはずのものが、短時間で小腸に流れ込むことになります。そうすると、小腸にかかる負担が大きくなり、十分に消化・吸収されないまま体外に排出される、すなわち下痢になると考えられます。このようにして、下痢に対処するつもりで給与した電解質溶液が下痢を助長する結果となることがあるのです。

電解質溶液の給与方法

ミルクを給与した後に電解質溶液を給与する場合、ミルクを給与した後２～３時間以上経過してから電解質溶液を給与してください。これにより電解質溶液によるカード形成の阻害効果を小さくします。ただし、子牛の状態や製品によって適正な給与方法は変わってきます。実際の給与に当たっては、製剤のラベルに書いてあることをよく読み、獣医師と相談しながら行ってください。

また、電解質溶液とは別に、子牛が水を自由摂取できるように、常に新鮮な水を給与してください。特に、断乳している場合は水の給与が必要です。下痢のときは通常よりも多くの水分が体外に排出されるため、電解質溶液を１日４ℓ程度給与しているだけでは、子牛が必要とする水分量を満たさない可能性があります。　**【上田　和夫】**

Q12 体調不良牛の見分け方と対処

具合が悪くなった哺乳牛は分かりますが、体調を崩し始めた子牛を見分ける方法を教えてください。また、そういう子牛を見つけた場合は、どのようなケアをすればよいのでしょうか。

A 見分ける方法

観察は、マンネリ化させないで強く意識することが大事です。

チェックは強く意識して「1歩前進で」

できるだけ早期のうちに不健康状態を把握し、素早く処置し適切な対策を講ずるためには、「よし、チェックするぞ！」と強く意識して毎日の作業をマンネリ化させない気構えがポイントです。

変化を感じたときには「1周チェック」

作業ごとに1歩前進チェックで兆候を見逃さない！ ハッチや暗い場所では1歩近づく観察行動で、より確実に詳しく確認しましょう。少しでも異常を感じたら、個体を1周チェックし再確認します。

作業別のチェックポイントと方法

表1に示しました。

変化の時期とケア

生後5～15日目に注意

抗体濃度が、低下し免疫が低下する危険帯です。特に環境面に注意を払います。冬期間は、分娩時トラブルがあった個体は、ジャケットなどを着せて保温したり、ランプなどで保温します（**写真3**）。

早期対処に努めよう

①体温測定で異常があった場合

電解質、整腸剤の補給で初期治療します。ミルクは極力制限せず、補液を行う場合は、

表1　作業別のチェックポイントと方法

作業別	チェックポイント	チェック方法
哺乳作業時	・表情・顔つきはどうか ・目の輝き方、まぶたの戻り ・鼻鏡が乾いてないか ・鳴き声はどうか ・毛づやと、糞の付着具合 ・耳は垂れていないか ・背中を丸めていないか	・手をたたいて、子牛の耳の動きや表情変化を読み取る。元気なときは、ピクッと反応 **写真1**参照 ・敷料の汚れ具合をチェックし、糞便の色・状態を確認する ・体温の測定
飼料給与時	・ミルクの残りはないか ・残飼量のチェック ・採食行動はどうか ・排便排尿に異常はないか	・スターターなどは、残飼量を計量し記録を付けておき、変化を観察する **写真2**参照
作業の合間	・群全体の変化を見る ・特定牛の異常行動	・群れの中で、ボディーコンディションが極端に違わないか ・群れの中で、行動の違う個体はいないか

ストマックチューブを活用します。

②環境を改善する

敷料の交換、追加で清潔な環境を保ち、飲み水をチェックし、バケツなどを洗浄します。換気不良となっていないかチェックし、アンモニアガスなどの発生などに注意します。空いたハッチがある場合は、場所の移動などを検討します（**写真４**）。下痢の発生したハッチや場所は、入念に消毒して次の感染を防ぎます。

改善が見られない場合は獣医師に連絡

子牛のときのトラブルは、後々の成長、生産に大きなダメージを与えるので、１日様子を見て改善されない場合は、２日目に獣医師の診察を受けましょう。

健康チェックシート（**表２**）を獣医師に診せ、適切な処置に活用しましょう。

【沖田　和樹】

写真１　乾燥したペン

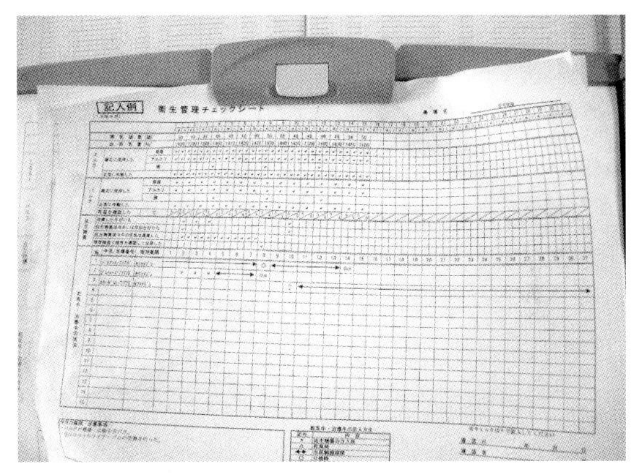

写真２　チェックシート

写真３　子牛ジャケット

写真４　空いた、乾燥したペン

表２　健康チェックシート（事例）

番号		名　号						生年月日					
調査月日	表情	変　化			状　態			行　動			糞状態	脱水（まぶた）	処　置
		目	耳	鼻	毛	尻	体	採食	寝方	歩様			
備考	何か変だ（○）　少し異常（△）　異常（×）												

Q13 「〝強化〟哺育」の特徴・方法

「〝強化〟哺育」という方法がありますが、その目的や特徴、方法などポイントを教えてください。

A 発育能力をフル発揮させる

〝強化〟哺育とは、子牛が本来持っている発育能力をフルに発揮させる飼料給与体系です。哺育期の栄養状態を〝強化〟することにより、①過肥に陥ることなく、哺育期からのフレームサイズの発育を加速させる、②初産分娩時期を早期化させる、③正常な免疫機能を維持させる—ことを実現する飼料給与体系です。

〝強化〟哺育体系では、代用乳を従来の一般的な給与量の倍以上を給与しますが、単なる大量哺乳とは全く異なるものです。代用乳の脂肪は幼弱な哺育期の子牛のエネルギー源として不可欠なものですが、その一方で骨格をはじめ、筋肉や内臓などの赤味組織の発達には不向きであり、またタンパク質や炭水化物に比べ、カーフスターターなどの固形飼料の摂取を抑制する傾向があります。従って、〝強化〟哺育体系で給与する代用乳には、体脂肪の過剰な蓄積（過肥）を防止しつつ、骨組織や筋肉の発達を促進するため、従来の標準的な代用乳とその給与体系に比べ、高タンパク質・低脂肪（タンパク質28％・脂肪15％）であることが必要となります。

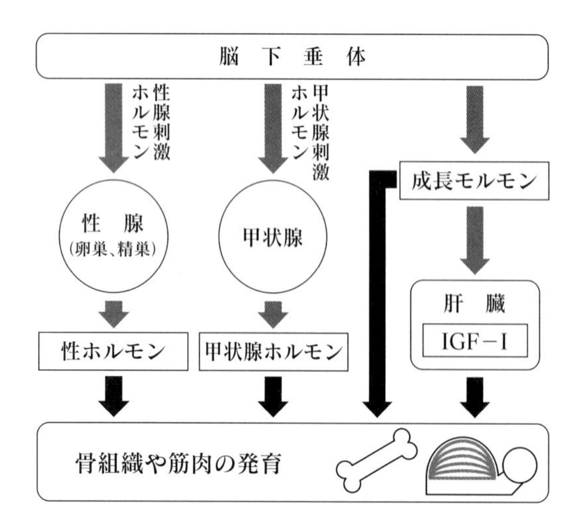

図　IGF－Iの働きと骨組織・筋肉の発育

育成期間の短縮が可能

発育中の子牛の体組織の合成や構成には「IGF-I」（Insulin - like growth facter I＝インスリン様成長因子－I）やその結合タンパク質（IGFBPS）が影響を及ぼすことが知られています（**図**）。全国酪農業協同組合連合会（全酪連）酪農技術研究所では〝強化〟哺育試験により同等のエネルギー水準で、タンパク質の給与水準を高めることによって、血中のIGF-I濃度が高まる傾向にあること、すなわち、哺育期に骨や筋肉の発達が促進されていることが分かりました。

〝強化〟哺育によって育成期間を短縮することが可能になりますが、全酪連〝強化〟哺育体系では、この短縮期間はおおむね、発情周期1サイクル分になります。この短縮によって、「育成コストの削減」、「育成牛保有頭数の削減」、「遺伝的能力の低い個体や経営上不利な牛の早期淘汰・更新による牛群改良速度の改善」などのメリットが生まれます。代用乳コストが増加しますが、初産分娩月齢の早期化によりコストの回収も可能です。

〝強化〟哺育により哺育期の発育が高進して、育成期（満３カ月齢）開始時の体格が従来の哺育プログラムよりも大きく、これにより授精開始の目安となる体格へ早期に到達し、早期分娩が可能になります。また、哺育期は最も体高を伸ばしやすい時期であり、この栄養状態を強化することで本来の発育が得られ、また、育成期に効率よく体高を伸ばすためには最適な時期でもあります。

免疫機能低下時期に注意

子牛は自分自身で抗体をつくれるようになるまでの期間、母牛（初乳）から得た免疫に頼っています。生後、満１カ月齢ごろには、母牛からの抗体が減少しますが、その一方で、自身の産生する抗体は十分な量に達していないため、最も免疫力が低下している時期です。

専用代用乳の使用

〝強化〟哺育では、多量の代用乳（最大給与量は１日当たり粉末として約1.2kg）を給与するため、消化性の優れた原料と専用の栄養バランスが必要となります。一般的な栄養バランスの代用乳を多量に給与すると、油脂の量が過剰なためにカーフスターターの摂取量が低下します。〝強化〟哺育専用の栄養バランスの取れた代用乳をプログラム通りに給与した場合には、カーフスターターの著しい摂取低下は起こりません（**表１**の給与メニュー参照）。

〝強化〟哺育では、最大給与量が代用乳の給与が従来の約２倍であるため、１日２回で哺乳する場合には溶解倍率を５倍（濃度を濃く）にして給与します。例えば、朝夕600ｇの代用乳粉末を３ℓのお湯に溶解します。

表１ 〝強化〟哺育·育成体系（哺育期）

週齢（満）	目標体重（kg）	〝強化〟哺育用代用乳※ 1日給与量（g）	1回給与量（g）	1回当たりのお湯の量（ℓ）	給与回数（回／日）	カーフスターター※※ 1日給与量（kg）	良質乾草 1日給与量（現物·kg）	水
0	45	初乳給与			3	馴致開始	原則として不要	自由飲水
1		600	300	1.5	2	0.1		
2		800	400	2.0				
3	60	1,200	600	3.0		0.2		
4						0.3		
5						0.4		
6	77	800	400	2.0		0.7		
7		600	300	1.5		1.3		
8		離乳の目安は56日齢				2.0	0.2	
9						2.4	0.4	
10						2.5	0.6	
11							0.8	
90日齢	120						1.0	
給与量計（kg）		44.8				102.5	20	

※専用の栄養バランスと多量哺乳に堪えるタンパク質と油脂の品質が重要
※※タンパク質のルーメンバイパス率とアミノ酸組成、離乳後の急速な摂取量増加に堪える炭水化物の発酵速度が重要
注：１）〝強化〟哺育用代用乳（カーフトップEX）は、生後８日目から給与体系に示された量に従って給与のこと
２）カーフスターター（ニューメイクスター）は、生後４日目ころから口に入れて馴致させること
３）新鮮な水が常に飲めるようにする。ただし、哺乳後30分間は水を与えないこと
４）離乳は生後56日齢（満６週齢）を目安にする
５）カーフスターター（ニューメイクスター）は哺乳中、表の給与量を目安に不断給餌し、離乳当日は１日当たり2.0kgを目安にすること
離乳後は同2.5kgを上限に満３カ月齢まで給与

基本管理の徹底を忘れずに

〝強化〟哺育は比較的新しい給与体系ですが、初乳の給与、環境衛生・寒冷対策などの哺育期の基本的な飼養管理も極めて重要です。また哺育期以降、初産分娩までの全期間における正しい栄養と飼養管理が確立されていることが必須となります。

表２は満22カ月齢で初産分娩直前の体格が体高140cm、体重618kgとなるための飼料給与メニューです。

【齋藤　昭】

表２ 〝強化〟哺育・育成体系（育成期）

（１日当たり給与量）

月齢（満）	目標体重（kg）	春機発動までの育成飼料※給与量（kg）	春機発動以降分娩２カ月前までの育成飼料※※給与量（kg）	乾乳・移行期用配合飼料※※※給与量（kg）	アルファルファ給与量（現物・kg）	イネ科牧草※※※※給与量（現物・kg）	水
3	120	2.5			0.5	1.0	自由飲水
4	145					1.5	
5	170				1.0	2.0	
6	195						
7	220						
8	245					3.0	
春機発動	280					4.5	
10	295		2.5				
11 ～ 20	321 ～ 555		2.5 ↓ 3.0		1.5	4.5 ↓ 7.0	
分娩２カ月前	566			3.0		7.0	
分娩１カ月前	592			4.0		8.0	
分娩	618						
給与量計　kg		480	960	210	726	2,772	

※ルーメン・バイパスタンパク質の量と質、アミノ酸組成が重要
※※可溶性タンパク質・分解性タンパク質など、タンパク質の分画が重要
※※※妊娠末期２カ月間給与する飼料には、高バイパスタンパク質＋マクロ・トレースミネラルが重要
※※※※イネ科牧草のCPは約９％（乾物中）を想定
注：１）育成飼料「全酪育成前期」は３カ月齢から春機発動まで１日当たり2.5kgを目安に給与のこと
　２）育成飼料「全酪育成後期」は、春機発動から分娩２カ月前まで１日当たり2.5～3.0kgを目安に給与のこと
　３）乾乳・移行期用配合飼料（ドライアシストほか）は、分娩２カ月前から１カ月前まで１日当たり３kg、その後は分娩まで同４kgを目安に給与のこと

Q14 初乳給与量の判断と問題点

初乳の量は、24時間で体重の10%（4ℓ）を目安とするのが一般的と思いますが、飲みたいだけ飲ませるという方法もあります。どちらがよいのでしょうか。

A 近年、出生後最初の初乳給与や出生後24時間以内の初乳給与においては、チューブによる強制的な給与よりも、子牛の初乳を飲む〝力〟に任せたほうが良い結果を招くという考え方が推奨されています。

免疫吸収能力は生後24時間で消失する

生後24時間以内にすべきこととして、体重の約10%の初乳を確実に給与することが基本といわれてきました。特に最初の初乳給与では、良質な初乳を一刻も早く、できるだけ多く子牛に給与することが重要です。生後、時間の経過とともに免疫抗体を吸収する能力が低下し、生後24時間を経過すると、その吸収能力のほとんどが消失するといわれています。

欲するときに飲めるだけ給与する

アメリカでは、出生直後の子牛に対して強制的に体重の約10%の量の初乳をカテーテルで強制的に給与する農場があり、その効果も認められてはいますが、大型の酪農場では労働力に制約があり、初乳を給与するために何度も子牛のところに戻ることが不可能であることがその背景にあるようです。

しかし近年、出生直後の子牛に対するこのような多量の強制投与を反省する意見も聞かれるようになっています。体重の10%に相当する初乳を強制的に給与した後に給与された初乳の一部が逆流（例えば、子牛が座る、もしくは転んだ際に）し、気道に流入する事故が散見されること、また、逆子や難産によって子牛が衰弱しているときに強制給与しても免疫抗体の吸収が著しく低いことも報告されています。

一方で、出生直後もしくは生後24時間以内の子牛が自ら欲する場合は上記のような問題はないと考えられ、「飲みたがる場合は、飲めるだけ給与する」ことが推奨されるようになりました。 【齋藤 昭】

図 出生直後の子牛に必要な5カ条　資料：全酪連パンフレットより

Q15 「1日1回哺乳」の方法と注意点

「1日1回哺乳」技術の方法と、メリット・デメリット、実施するときの注意点などを教えてください。

A 「1日1回哺乳」とは

子牛の哺乳は代用乳または全乳を朝夕の1日2回給与する方法が一般的ですが、「1日1回哺乳」とは代用乳または全乳の給与に当たり、1日1回の哺乳で済ませる方法です。

メリット・デメリット

①哺乳回数が1日1回なので、哺育作業が楽です

②哺育期間中の増体は「1日2回哺乳」に比べると劣ります。しかし人工乳の採食量が多いので、離乳後および育成期の増体が向上します

③35日齢を目安に離乳するので、「1日2回哺乳」に比べ哺乳期間が短くなり飼料費が安くなります

方　法

代用乳または全乳の給与を1日1回にするため、不足する栄養はバーデンスタートを利用して人工乳の採食で補います。バーデンスタート（**写真**）は子牛の吸引習性を利用してニップルから人工乳（スターター）を採食させる容器です。

子牛がニップルをかむと容器の中から人工乳が出てくる仕組みとなっています。また、バケツでの給与と異なり、人工乳が子牛のだ液などで汚れにくい、摂取量が目で見てすぐに分かる—などの長所があります。

給与時期・給与量

生後すぐにバーデンスタートへの吸い付きを学習させる必要があります。人工乳は最初少量を給与し、徐々に増やしていきます（**図1、2**）。

「1日1回哺乳」は代用乳または全乳の摂取量が「1日2回哺乳」に比べ、約60～70%に減少します。人工乳の採食量は逆に60～70%増加します。特に「1日2回哺乳」に比べ1回の哺乳量が多く、子牛への負担が多いので、哺乳の原則としては、決まった量を、決まった時間に、決まった温度で、決まった人が行います。

35日齢を目安に、人工乳を0.8～1.0kg/日以上摂取できるようになったら離乳します。離乳後はバーデンスタートの使用はやめ、バ

写真　バーデンスタート

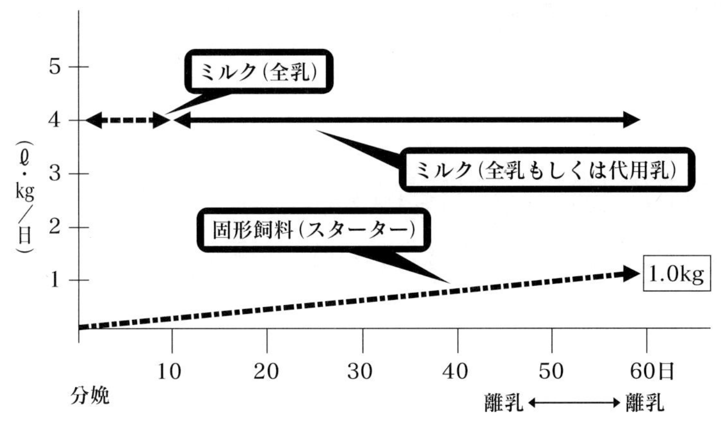

注：1）基本：45～60日離乳を目安とする
　　2）離乳時の固形飼料を３日間連続で１日当たり1.0kg以上摂取を目安とする

図１　１日２回哺乳の離乳時期までの飼料給与イメージ

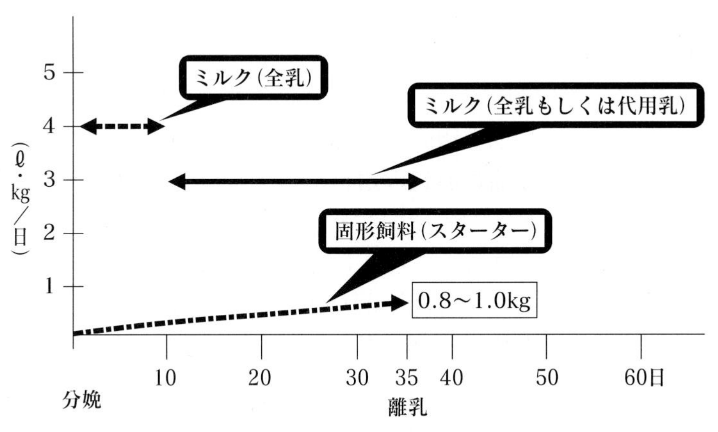

注：1）基本：35日離乳を目安とする
　　2）離乳時の固形飼料を１日当たり0.8～1.0kg以上摂取を目安とする

図２　１日１回哺乳の離乳時期までの飼料給与イメージ

ケツでの給与に切り替えます。離乳後は人工乳の摂取量が急激に増えるので、人工乳の給与量を多めにします。また人工乳の増加に伴い、飲水量も増加するので新鮮な水を飲めるようにします。

全乳の給与

農場内で牛乳の余剰がある場合、代用乳の代わりに全乳を給与しても子牛の発育には大きな問題がありません。代用乳の粉を目分量で量って給与するより、濃度のバラツキが少なく、むしろ代用乳を給与するより子牛の増体が良好なケースもあります。きっちりとした哺乳作業に自信のない場合には有効です。

給与に際しては加温（40℃）して給与します。

注意点

１日１回哺乳の場合

①短期間に多くの栄養を摂取することから、下痢の発生が高まる可能性があります。虚弱な子牛には、代用乳または全乳を少量に分け、多回給与を行ったほうがよいでしょう

②人工乳はニップルに合ったペレットタイプのものを使用します。ニップルの形状に合わないと、ニップル部の詰まりやこぼれが起こります

③子牛にバーデンスタートから人工乳が出てくることを学習させる必要があります

④ニップルの交換の目安は３頭までです。長く使用しているとニップルが劣化し、ニップルが開き放しになり、人工乳がこぼれます。またニップルはゴムでできているので、長期間使用すると劣化します

⑤ニップルは人工乳のカスやだ液によって汚れているので、消毒して使用します

⑥人工乳の採食量が多くなると、便が軟らかくなります。人工乳の摂取量を確認するとともに、乾草など良質粗飼料を常に採食できるようにします

全乳哺育の場合

①全乳は成分にバラツキが多いので、子牛の発育状態に応じて人工乳の給与量を増やします

②下痢の原因になるため乳房炎などで廃棄する牛乳を子牛に給与しないことです

【工藤　智弘】

Q16 哺乳器具の特徴と発育の違い

いろいろな哺乳器具があります。どれを使うかによって発育や疾病発症に違いが出るのでしょうか？　また、それぞれの特徴と上手な使い方を教えてください。

A バケツ方式と乳頭方式

子牛の食道から第三胃には食道溝と呼ばれるバイパス管が存在します。食道溝は哺乳の反射により導管を形成し、摂取されたミルクは第一胃を素通りし、第四胃へと流入します。これは食道溝反射と呼ばれ、液状飼料を摂取する時期に見られ、子牛の成長とともに消失します。

バケツによるガブ飲みや１回に多量の哺乳を行う場合は、乳頭による哺乳方法に比べ第一胃に流入するミルクの量が多くなります。第一胃に流入した多量のミルクは①第一胃内で発酵し、エネルギーロスが生じる、②固形飼料の消化を低下させる、③異常発酵を引き起こす―などの諸問題を引き起こす可能性があります。

バケツ方式は乳頭方式と比較し、固形飼料摂取量の低い時期は異常発酵などの影響度は低いとされ、６週齢では明確な成長の差が見られません。しかし、固形物摂取量が増加するそれ以降の哺乳期ではバケツ方式の増体は低い傾向にあることが示されています。

以上のことから、子牛の消化生理に基づいた哺乳器具の選択は次の通り考えられます。

⇒哺乳期間が６週齢未満の場合、哺乳器具による発育の差はない

⇒哺乳期間が６週齢以上になる場合や多量の哺乳を行う場合は乳頭方式が良い

哺乳器具の特徴と使い方

バケツ哺乳

バケツ方式の長所は１回の給与時間が短く、衛生管理が省力的であることです。バケツで哺乳することを子牛に学習させる必要があります。個体によっては物覚えが悪く労力がか

写真１　劣化した乳頭

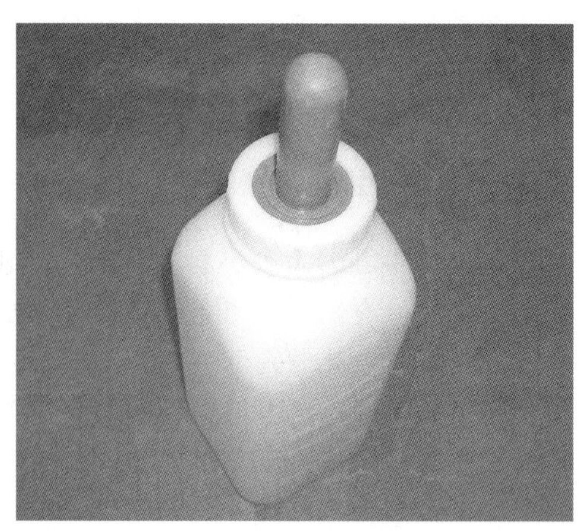

写真２　哺乳瓶

写真３　乳頭付きバケツによる哺乳

写真４　哺乳ロボット

かり、一時的に哺乳量が減って発育が遅れる場合もあります。

乳頭哺乳

乳頭哺乳は手動哺乳と自動哺乳に大別されます。乳頭哺乳はバケツ哺乳と比較して１回の哺乳時間が長く、加えて衛生管理に注意を要します。不衛生な哺乳器具は消化障害を引き起こします。

乳頭部の洗浄は入念に行いますが、特に乳頭部の裏側には汚れが付着しやすいので重点的な洗浄が必要です。また、乳頭先端部が破損した場合、誤嚥（ごえん）性の肺炎を引き起こす可能性が高くなるので、定期的なチェックと交換を行いましょう（**写真１**）。

乳頭哺乳に用いる器材は哺乳瓶タイプ（**写真２**）とバケツタイプ（**写真３**）があります。哺乳瓶は洗浄に注意を要します。容積は１、２、３ℓタイプがあります。給与時にホルダを用いると便利です。バケツタイプは洗浄が容易で哺乳瓶より容積があるので、給与量も多様に調整できます。

哺乳瓶、バケツタイプ双方に共通しますが、洗浄後器具を反対向きに保管し、乾燥させましょう。

自動哺乳は哺乳作業の省力化と、ミルクの多回給与が可能となります（**写真４**）。また、哺乳量の調整も可能なので、多様な哺乳方法も実践できます。ミルクの輸送チューブや乳頭部の洗浄に留意する必要があります。

哺乳器具を選択する際には、哺乳の方法（哺乳量や哺乳期間）、固形飼料の給与方式や摂取量、労働力の組み合わせにより利害得失があるので、農場の状況に応じた選択が望まれます。　**【海田　佳宏】**

Q17 哺乳器具の適切な管理方法

哺乳器具の洗浄・殺菌・保管の理想的な方法と、それがうまくいっているかどうかを判断する目安や方法を教えてください。

A 洗浄・保管次第で基本徹底も台無しに

哺乳器具（バケツ、ニップル付き哺乳バケツ、哺乳瓶）は、抵抗力の弱いデリケートな子牛時期に使用されるため、日常的に細心の注意を払うべきです。その理由を哺乳器具の使用上の特性から考えると、次のようなことが挙げられます。

①1個の哺乳器具が、毎回同じ子牛に使用されるとは限らない（不特定多数の牛が使用）
②哺乳器具が、毎回同じく扱われるとは限らない（法人経営などでは担当者が交代する）
③構造的に汚れが蓄積しやすい部位がある（乳首、ニップル）

大腸菌（群）などによる細菌性下痢の発生は、子牛の置かれている飼養環境にも大いに関係がありますが、哺乳器具の取り扱い方も軽視できません。細菌など見えない相手に対しては、基本事項を忠実に守ることが第一です。「これまで何ともなかったから今後も大丈夫」という保証は一切ありませんので、日ごろから下痢発生のリスク低減（予防策）を念頭に置き哺乳作業に携わることが重要です。せっかく、「定時」、「定温」、「定量」の3原則を徹底していても、器具類の洗浄や保管状態が不衛生であれば下痢を誘発します。

細菌増殖の条件をコントロールする

哺乳器具由来の下痢は、器具内外に残った細菌増殖に起因します。細菌増殖の主な条件は「温度」、「水分」、「栄養分」です。実際の酪農現場では、哺乳器具を常温保管することが多いので「温度」はあまり気にせず（涼しい所が望ましい）、その他の条件をクリアすることを優先しましょう。つまり、哺乳器具内に残った「水分」（水滴）、「栄養分」（ミルク汚れ＝有機物）をコントロールすれば十分と思われます。以下に洗浄・殺菌・保管の要点、また、衛生的判断の方法を紹介します。

洗　浄

基本的には、ミルカやバルククーラの洗浄と同様と考えてよいでしょう（**表**）。効率的にミルク成分（汚れ）を除去するためには、①哺乳作業が終わり次第すぐ行う（器具に残ったミルクが乾く前に）、②前洗浄の水温を高くし過ぎない、③哺乳瓶の内部やニップルはそのサイズ（形状）に合ったブラシを用いる―がポイントです。

当然ですが、汚物（長靴）を洗うようなブラシとは、明確に用途を区別するべきです。

また、ニップル付き哺乳バケツを使用する農場では、ニップル取り付け部位の汚れが心配されます。取り外すと、意外とミルクのカスがたまっています。最も洗浄しにくい部位ですから、定期的に分解洗浄することが肝要です（**写真1**）。

殺　菌

きれいに洗浄（有機物除去）した後に、毎回実施することが理想です。慣れるまで面倒ですが、数多く想定される下痢の発生要因を

写真１　ミルクのカスが蓄積

写真２　衛生的な専用ラック
写真提供　北海道立農業大学校

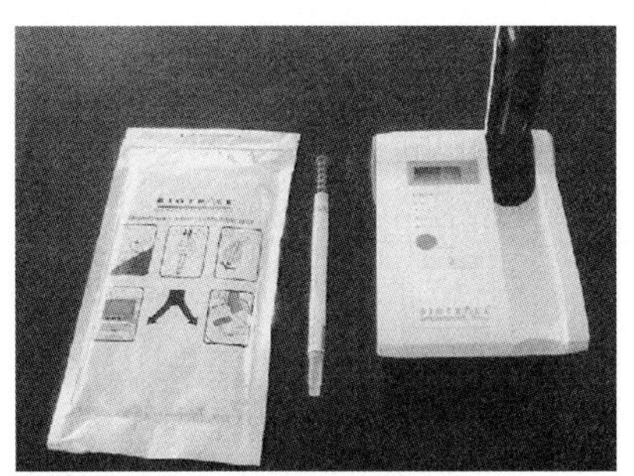
写真３　ＡＴＰ測定器「ユニライトエクセル」
写真提供　宗谷農業改良普及センター宗谷北部支所

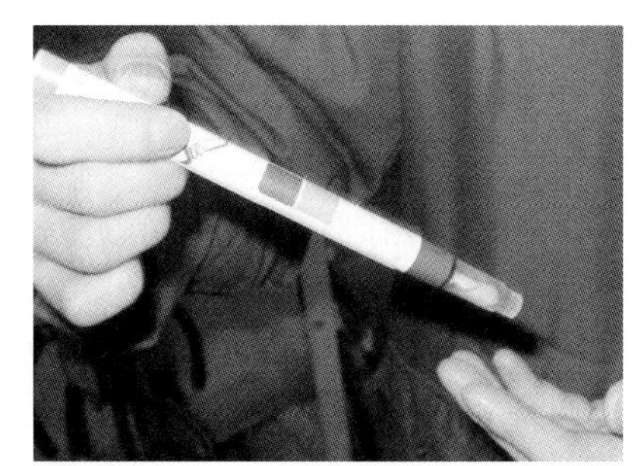
写真４　残存タンパク判定キット「プロテクト」

表　哺乳器具洗浄の要点

洗浄工程	水温・濃度	備　　考
①前洗浄	水～ぬるま湯	乳タンパク質変性、ゴム部分の劣化防止のため、高温にし過ぎない（40℃前後がよい→熱湯：水＝1：1）
②アルカリ洗剤	濃度0.2～0.5％	バケツに洗浄液をつくり、専用ブラシなどでよくこする
③すすぎ	水～ぬるま湯	十分すすいで、よく水を切る

１つでも排除することに意義があります（発生要因が哺乳器具になければ、それ以外と判断することができ原因特定が速やかに）。

殺菌剤としては、搾乳機器の殺菌や乳頭清拭（せいしき）で使用する「６％次亜塩素酸ナトリウム」（300倍希釈）で構いません。ゴム製のニップルは、劣化によって表面の滑らかさを失いひび割れを生じます。そこが細菌の巣になる可能性があるので、殺菌液に漬け置きすることが推奨されます（次亜塩素酸ナトリウムでは１～５分以上浸漬＝しんし）。

保　管

洗浄（殺菌）したら、風通しの良い場所で自然乾燥させ保管します。床に無造作に置くのではなく、器具を並べて保管できる「専用ラック」があればより衛生的です（**写真２**）。

バケツ類は完全に水分が切れ、また哺乳瓶のニップルも風乾できる状態をつくります。

衛生的判断の目安

下痢が発生したら、真っ先に哺乳器具の隅々をチェックするかと思いますが、時には今までの自分の衛生管理水準を確認したり、第三者に評価をもらうことも大切です。いくつか器具を紹介しますので、入手してぜひ試行してください。

最近では、汚れ（生物エネルギー：ATP）があれば発光する試薬を用い、その発光量で汚れを推定する測定器があります（**写真３**）。この機器は、汚れを数値化して基準値と比較評価できる利点があり、既に乳業メーカーなど食品関連業界、一部地域の乳質向上対策で導入されています。

もっと簡便なものでは汚染食品の残存度を判定するキットで、対象個所をふき取りして残存タンパクに反応する試薬の色調変化のレベルで判定します（**写真４**）。

見た目の判断だけではなく、汚れを客観的に「示す」ということは安心感や自信にもつながり、また後継者や哺乳作業を行う従業員の教育ツールとしても有効です。

子牛時期の下痢は、その後の発育に影響を与え（一般に下痢１回で数週間分の増体量の差）、将来的に負け牛をつくって初産分娩月齢が延びる要因にもなり得ます。徹底した哺乳器具管理は、地味な作業ですが育成コストの低減に寄与することでしょう。

【犬飼　厚史】

Q18 下痢・肺炎発症を防ぐ施設の消毒方法

哺乳牛の下痢や肺炎の発症率は、飼っている場所の衛生管理によっても異なると聞きました。飼養する環境の清潔さを保つための消毒方法を教えてください。

A 哺乳牛の病気といえば下痢と肺炎であり、下痢の多くは出生後2週間、肺炎は6～8週齢の哺乳後期に起こりやすいとされます。下痢や肺炎の発生に密接に関連する要因として、①子牛、②病原体、③環境—の3つがあり（**図1**）、農場間におけるこれら要因の差が病気の発症率として認識されるのです。質問にある消毒はそのうち環境に対する管理法であり、子牛の飼育環境における病原体の数を減らすことを目的に行います。

できるだけ有機物を取り除く

牛舎消毒における作業は、清掃、水洗、乾燥、消毒の4つの工程からなり、そして乾燥となります（**図2**）。消毒剤の多くは、糞尿など有機物がある環境下で著しく効果が低下するため、清掃と水洗によってできるだけ糞尿や敷料などの有機物を取り除くことは、消毒を成功させるカギとなります。また、病原体といってもウイルス、細菌、原虫といった違いがあるため、問題となる病原体を特定し、それに有効な消毒剤を選択することも必要となります（**表**）。

カーフハッチの衛生管理

哺乳牛を飼育する施設は、病原体の伝ぱを予防するためにもカーフハッチのような独立した環境が望ましいです。

離乳後、空になったカーフハッチに対して、まず糞尿や敷料を除去し、壁の汚れを高圧洗浄機で洗い落とします。乾燥後に適当な薬剤を使って消毒しますが、すぐに新しい子牛を入れないで、できれば1週間程度空にしておくことが病気の伝ぱを防ぐ上で重要となります（独房も同様。哺乳牛の施設を余裕を持って準備することは、疾病予防において大切なポイント）。また、こうして衛生管理されたカーフハッチに新しい子牛を入れる場合、清潔かつ乾燥した敷料を十分に入れることが重要で、カーフハッチを設置する基盤（土壌）の乾燥度合いや水はけにも考慮しなければなりません。土壌や敷料の汚染や過度な水分は、

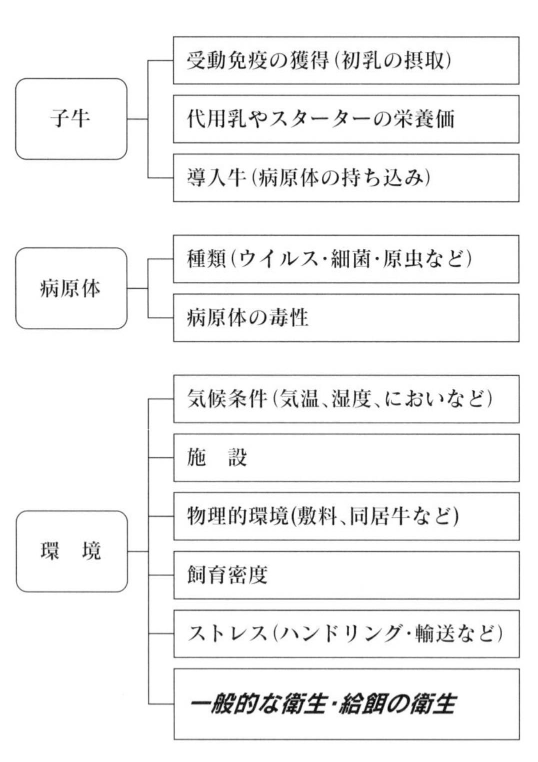

図1 子牛の下痢における危険因子

カーフハッチ内部の悪臭や湿度を増加させ、肺炎の発生や増加にもつながります。

哺乳器具と分娩房の洗浄・消毒

また、哺乳牛の疾病予防の上で忘れてはならないことは、哺乳器具と分娩房の洗浄・消毒です。哺乳器具を介して病気の伝ぱが起こらないように、哺乳頭数分の器具を準備することが理想です。哺乳器具（哺乳ボトルやバケツ）や初乳の強制投与に用いるストマックチューブは、使用後すぐに温湯ですすぎ、洗剤を加えた熱湯で洗浄して、よくすすいでから乾燥させます。下痢や肺炎が広がっている場合は、それに消毒を加えます。

また、分娩房など子牛が出生した場所の衛生状態がその後の下痢の原因になることがあります。分娩場所の清掃・消毒を行い、できるだけ連続使用は避けて乾燥させる期間を持つことが、病原体の増殖を抑制するためにも重要となります。

【安富　一郎】

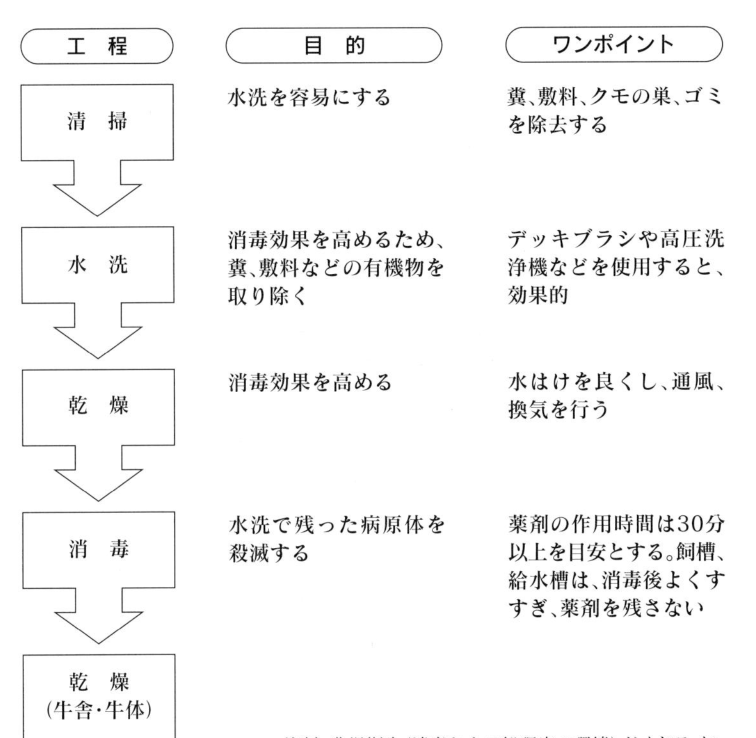

資料：農場衛生（消毒および処理室の環境）ガイドライン

図2　消毒の作業工程の基本

表　畜産領域で使用される消毒剤の病原体に対する効力

分類	病原体の種類				
	ロタウイルス[1)]	コロナウイルス[2)]	結核菌・ヨーネ菌	一般細菌（サルモネラ菌・大腸菌）	糸状菌（白癬＝はくせん）
アルデヒド系	＋	＋	＋	＋	＋
塩素・ヨウ素系	＋	＋	＋	＋	＋
フェノール系	－	＋	＋	＋	＋
オルソ系[3)]	－	＋	＋	＋	＋
逆性せっけん	－	＋	－	＋	－
両性せっけん	－	＋	－	＋	－
生石灰	＋	＋	＋	＋	＋
複合剤[4)]	＋	＋	＋	＋	＋

1)エンベロープを持たないウイルス（ほかに口蹄疫ウイルスなど）
2)エンベロープを持つウイルス（ほかにBVDウイルス、IBRウイルスなど）
3)コクシジウムの消毒剤として用いられる
4)アンテック社ビルコンSとする
注：＋は有効、－は無効

Q19 哺乳牛が飲む水の量・目安

哺乳子牛にも水が必要と聞きました。その理由と飲む量の目安を教えてください。また、どのような方法で飲ませるとよいのでしょうか。

A 微生物活動のために必須

酪農家の方は、哺乳子牛はミルクで水分を補給しているので別に水を与える必要はない、または給与してもどうせあまり飲まないから、と思われたり、さらには、水は給与したほうがいいと思っていても、実際は水を入れるバケツ（水槽）が空だったり、汚れていて飲めない状況だったりと、哺乳子牛に十分給与されていないところが多いようです。

しかし、哺乳中であっても、ミルクとは別に新鮮な水の給与は必要です（**写真1、2**）。

哺乳子牛の第一胃は未発達であり、固形飼料を摂取し、それを第一胃の微生物が利用して活発に活動することで、養分吸収能力と容積の拡大（筋肉層の発達）ができるのです。特に穀類の摂取は、第一胃の絨毛（じゅうもう）の発達のために欠かせません。その第一胃微生物が活発に活動するためには水が必要なのです。

ミルクとは別ルート

子牛の口から入ったミルクと水は、それぞれ別のルートで胃袋の中を通って行きます。ミルクは子牛が飲んでも食道溝の作用で、第一胃にはほとんど行かず直接第四胃へと流れて行くため、水はミルクとは別に与えないと第一胃内の微生物に水分を与えることができません（**図1**）。

食道溝は、子牛がミルクの入ったバケツなどを見ることで反応し収縮運動を起こします。ミルクを与えると約20分間はその食道溝が閉じたままなので、ミルクを飲ませた後すぐに水を与えても第一胃には行かないので注意し

写真1　哺乳子牛はカーフハッチで個別飼いし、ミルク以外に水と固形飼料を給与する

写真2　きれいな容器で新鮮な水とスターターを与える

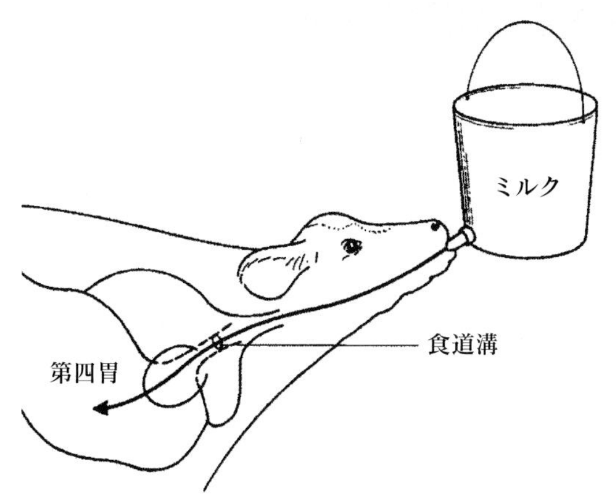

図１　ミルクの流入経路

食道溝の作用によりミルクは第四胃に直接入る。第一胃にはミルクと別に水が必要

アメリカ・ペンシルベニア大学農学部（Feeding the Newborn Dairy Calf,2003）

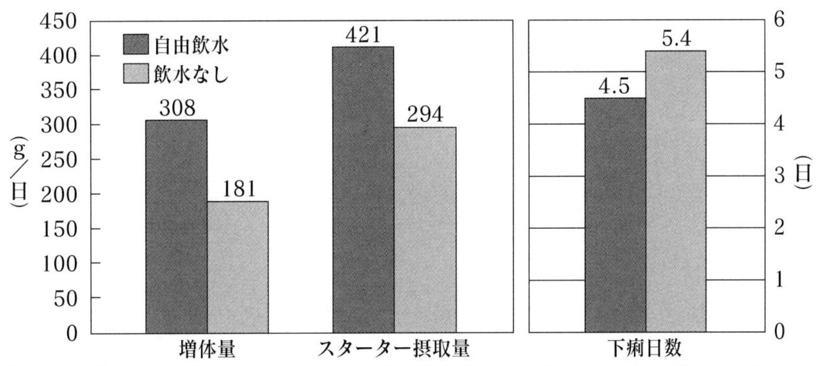

図２　哺乳子牛の増体、スターター摂取量および下痢発症における飲水の効果

(Kertz.A.F.L..Reutzel and J.H.Mahoney Journal of Dairy Science 67,1984)

てください。

給水不足は第一胃機能にダメージ

子牛が穀類を食べると、第一胃内で発酵が起こり、エネルギー源になる酪酸などの揮発性脂肪酸（VFA）が発生し、第一胃を酸性にしますが、水を与えることでその酸性化を緩やかにすると同時に、胃壁からの吸収を促進することもできます。

水を給与することで、子牛の増体量、固形飼料（スターター）の摂取量が増加し、さらに下痢が少なくなったとの報告もあります（**図２**）。

このように哺乳期間中に第一胃の機能を発達させておかないと、離乳後に固形飼料を十分に消化できず、発育が悪くなります。また、給水が不足すると、脱水症状、塩類中毒を起こし、中枢神経障害を生じる恐れもあります。

給水のポイント

水の与え方は、少なくとも生後３日目から行い、ウオーターカップではまだ弁を押すことができないので、きれいなバケツなどに入れて給与しましょう。

この際、新鮮できれいな水を与えることに注意します。また冬場に水が凍結する地域ではヒータ付きの水槽などを利用しましょう。

哺乳子牛が飲む水の量は、季節や時間帯、牛舎の環境などで異なりますが、目安としては、１日２ℓ以内で、これ以上多量に飲ませると、血尿を起こすことがあるので注意します。

飲み過ぎ防止には、例えば、バケツに２ℓのところに線を付けておき、水を多量に飲むようなことがあるときは、熱があるかもしれないので、体温を測るなど異常がないか確認します。

【池田　辰也】

Q20 哺乳期間中に乾草を与える是非

哺乳期間中、少量の乾草を給与しています。子牛は少量ですが食べているように見えます。哺乳期間中はスターターだけで乾草は給与しなくてもよいと聞きましたが、本当ですか。もし給与するとしたら、どのような乾草をどの時期にどういう方法で行えばよいのでしょうか。

A 哺乳期間中に乾草を給与すると、反すう胃の粘膜の発達を抑制する可能性があります。しかし、乾草のような粗飼料を給与しないことによる弊害もあります。

反すう胃の粘膜の発達

新生子牛では反すう胃が未発達であり、成牛に見られるような反すう胃の機能は認められません。反すう胃における発酵や吸収といった機能は、子牛が生まれた後、成長および固形飼料（濃厚飼料、粗飼料）の摂取に伴い発達します。

3日齢からスターターと乾草を自由摂取させ、42日齢で離乳した子牛の第一胃と第二胃の粘膜を**写真1、2**に示しました。第一胃の粘膜を第一胃乳頭、第二胃の粘膜を第二胃粘膜ヒダと呼びます。両者とも発酵産物を吸収しますが、その形は異なっています。第一胃乳頭は、0日齢では白色で0.1～0.2mm程度と極めて短いのですが、49日齢では灰色または黒褐色となり5mm程度まで伸長しています。第二胃粘膜ヒダも0日齢から49日齢までに色調が白色から灰色または黒褐色へと変化しますが、長さはほとんど変わっていません。第一胃乳頭が大きくなることにより、粘膜の表面積が拡大し、発酵産物を吸収する能力が高まると考えられています。

第一胃乳頭の発達は発酵産物の影響を強く受けます。発酵産物の中には揮発性脂肪酸と呼ばれるグループがあります。揮発性脂肪酸の中でも酪酸という物質が第一胃乳頭を発達させる効果が強いと考えられているのですが、酪酸は乾草よりもスターターのようなでん粉質の多いものが発酵したときにたくさんつくられます。このことから、子牛がスターターをたくさん食べると酪酸もたくさんつくられ、それにより第一胃乳頭が大きくなり、反すう胃における発酵産物の吸収能が高まる、すなわち反すう胃が発達する、と考えられています。ただし第一胃乳頭が正常に発達するためには、発酵産物による化学的な刺激だけではなく、飼料片により物理的な刺激を受けるこ

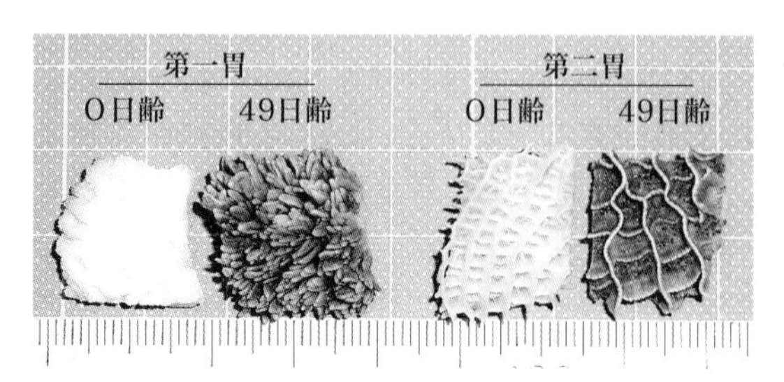

写真1　第一胃と第二胃の粘膜（下部目盛間隔：1mm）

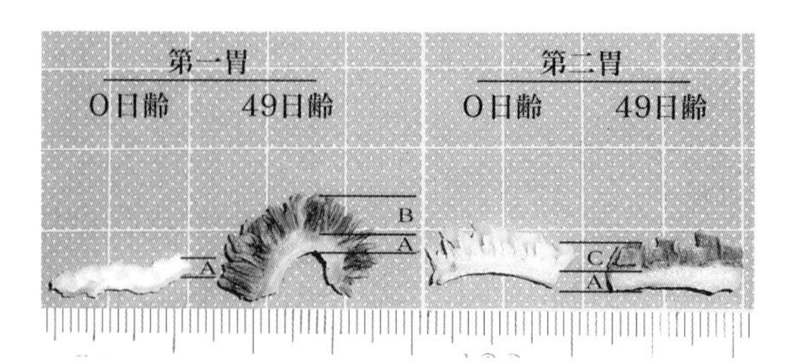

写真2　第一胃と第二胃の粘膜の断面（下部目盛間隔：1mm）
（A：筋層、B：第一胃乳頭、C：第二胃粘膜ヒダ）

とも必要であると考えられています。

乾草を「給与する」ことにより起こり得る弊害

乾草を摂取するとスターター摂取量が少なくなる傾向があるようです。スターター摂取量が少ないと酪酸がつくられる量も少なくなり、第一胃乳頭の発達を抑制する可能性があります。それは反すう胃の発達を遅らせることにつながりますから「哺乳期間中はスターターだけで乾草は給与しなくてもよい」ということになるのだと思います。

また、乾草はスターターと比べて養分濃度が低いので、例えば固形飼料の摂取量が同じ1000ｇであっても、乾草500ｇとスターター500ｇを摂取している場合と、スターターだけで1000ｇ摂取している場合とでは、前者のほうが養分摂取量が少ないので、発育も悪くなると考えられています。

乾草を「給与しない」ことにより起こり得る弊害

乾草を給与しない場合にどういうことが起こり得るか、実例を用いて説明します。筆者らは子牛10頭を、乾草を与える子牛５頭と乾草を与えない子牛５頭に分け、離乳日前日（41日齢）にと殺・解剖し、反すう胃を調べました。乾草給与以外の条件はそろえてあります。全頭に３日齢からスターターを自由摂取させ、乾草を与える子牛には３日齢から乾草も自由摂取させました。

その結果、乾草を与えなかった子牛全頭に異常が認められました。反すう胃内容物に大量の麦稈が混入していたものが２頭、同内容物に直径３～４cmの毛玉が２個あったものが１頭、第一胃の背のう（背中側）に内容物や毛が付着した黒い斑点状の部位が複数個所認められたものが２頭です。一方、乾草を給与していた子牛５頭にはそのような異常が認められませんでした。スターター摂取量や発育は個体差が大きく、乾草を給与していたことにより必ずしもスターター摂取量が少なくなったり発育が悪くなるという結果ではありませんでした。このことから、乾草のような粗飼料を摂取できない場合、子牛が粗飼料の代替物として麦稈や自らの毛を積極的に口にする、あるいは第一胃粘膜に前述のような異常が生じる可能性が高くなるのではないかと考えられます。

乾草給与の方法

哺乳期における粗飼料給与の是非についてはまだ結論が出ていません。現段階では、筆者らは哺乳期にも粗飼料を給与したほうがよいと考えています。

乾草を給与するのであれば、イネ科牧草の１番草早刈りのものや２番草のような粗タンパク質含量の高いものを、３日齢くらいから自由摂取させればよいと思います。哺乳期間中の乾草の摂取量はそれほど多くありませんが、乾草を好んで摂取する個体ではスターター摂取量が少なくなる可能性もあるので、１日の給与量上限を100～200ｇ程度にしたほうがよいかもしれません。給与方法は草架を用いても、飼槽を用いてもよいと思います。乾草を長いまま給与すると、草架や飼槽から引っ張り出すだけで摂取しないまま床に落ちて敷料代わりになる量が多くなりますから、それが気になる場合は５～10cm程度に細切し、飼槽で給与すると廃棄量は減ります。残食があってもそのままにせず、残食は回収して、毎日新しい乾草を給与してください。

【上田　和夫】

Q21 気象の影響をコントロールする哺乳施設

哺乳牛の施設で、換気、気温、湿度などの微気象をコントロールする方法を施設のタイプ別に教えてください。

A 哺乳牛や離乳直後牛の飼養施設には、個別飼いをするカーフハッチと、自動哺乳装置（哺乳ロボット）を利用して集団哺育をする群飼養施設があります。

カーフハッチの環境管理方法

カーフハッチは、屋外で利用することが多いため、夏は直射日射による暑熱や降雨を受け、冬は寒冷と強風、雪にさらされます。こうした厳しい環境の中でどうして子牛を健康に育てられるのでしょうか？　それは、寒さにはさらされるが「新鮮な空気」の中で子牛を飼養することができ、１頭１頭個別飼いのため呼吸器系などの疾病の発生が少ないためといわれています。

カーフハッチ自体には環境を制御するような特殊な装置は付いていません（**図**）。しかし、カーフハッチ自体の形で生じる「環境の差」を、子牛が自分で選択して１番居心地の良い場所へ移動することで、自分に合った微気象の場所で快適に生活できるのです。

カーフハッチの１番奥は、換気は悪いもののすきま風がないので風による体温の低下が防止でき、比較的暖かく過ごすことができます。ハッチの入り口付近は、ほどほどの換気がされ、空気は外気とほぼ同じ程度の新鮮さに保たれています。金網の部分に出れば屋外と全く同じ条件なので、風にさらされることも新鮮な空気に触れることもできます。

このような微気象の差をつくりだしてやるためには、カーフハッチの設置方法と管理方法に注意する必要があります。

設置場所

まず、設置場所は水はけが良く、強風にさらされないところを選びます。水はけが悪いようであれば、砕石などを５～10cmくらいの高さになるように敷いてならし、その上に砂を敷いた水はけの良い場所をつくる必要があります。その上に、乾いた敷料をたっぷりと入れておきます。

ハッチの向きは、冬の季節風の風下側に入り口が向くように設置してください。入り口はできるだけ開放するようにします。前面に金網のフェンスを使うのは子牛同士が接触したり、なめ合わないためです。

換気を考慮した構造を

夏には暑いからといって、奥側の壁を取り外すとハッチの中にいても強風に身体がさらされることになるので、注意が必要です。できれば、上部空間の換気ができる程度に上部の10～20cm程度だけ開けるようにし、子牛が横臥（おうが）していれば強風にさらされないような空間を確保しておくようにします。

冬は奥側の場所にすきま風が生じないように密閉します。入り口側から、雪が吹き込むような場合には、**写真１**に示したようなバッフル盤を入り口の両側に取り付けると良いでしょう。寒いだろうといって、入り口開口面積の半分以上をふさぐのは換気の良い場所を少なくしてしまうのでやめましょう。

降雨時や降雪時の哺乳作業の効率化のために、ハッチを屋内に設置するような場合には、

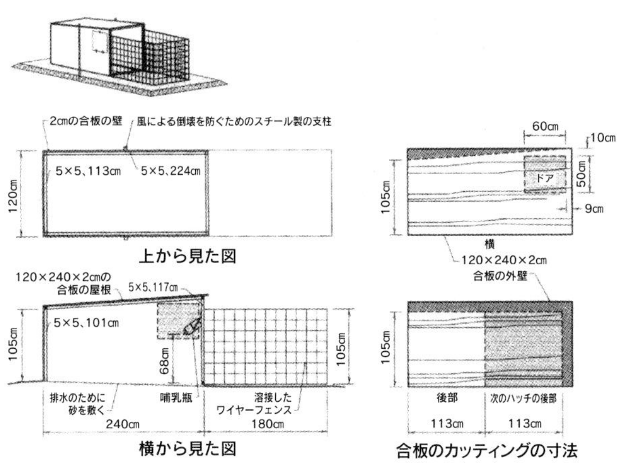

図　カーフハッチの基本的構造(MWPS7)

写真１　雪の吹き込みを防止するためのバッフル板を装着したカーフハッチ(アメリカ・ミネソタ大学)

写真２　群飼養方式の哺育牛舎の状況

写真３　哺乳牛群の牛房に設置された、ビニールを利用した開閉式の覆い

雨雪をしのぐ程度と考え、壁面を開放するなど換気を良好な状態に保つようにします。

群飼養施設の環境管理方法

哺乳期の子牛はまとめ飼いせずに１頭１頭個別飼いすることが基本とされていましたが、自動哺乳装置の出現により、集団哺乳することも多くなってきました。このような施設では、10〜20頭の哺乳牛を１群としてまとめ飼いしている例が多く見られます（**写真２**）。

環境を制御するための対策

このような群飼いの施設では、ハッチの中のような微気象の差をつくりだすことが困難になります。しかし、群飼いの広いスペースの中の一部にハッチと同じような空間をつくることで、十分に対応できます。

夏期間は、暑熱を第１に考えて風通しを良くする必要がありますが、子牛に強風が直接、当たらないように90〜120cm程度の高さでコンパネなどで開閉可能な壁を設置しておくとよいでしょう。冬期間の環境が厳しいような地域では、高さ120cm程度の位置にコンパネやコンパネ＋断熱材で上部をふさぐようにして奥行き180cm程度の囲った場所をつくるようにすると、ハッチと同じような効果のある場所をつくることができます。

子牛が環境から大きく影響を受けるものには、屋根や壁などへの結露水が落下して牛体をぬらしたり、建物の断熱が少なく、放射冷却により体温を奪われることが挙げられます。建物にビニールハウスを使っている場合には、上記のような囲った場所をつくるときに透明なビニールを使うと、換気が極端に悪くなりビニール内面に結露の発生を促進したり、また、牛体からの放射冷却を防止することができません。このような場所へは、コンパネなどのようなある程度の断熱性のある資材を使うようにします。

建物自体が普通の建材でつくられており、放射冷却を防止できているような場合には、寒冷時のすきま風防止対策としてビニールやシートで覆った開閉可能な場所をつくり、保温のために赤外線ヒータを設置しておくこともできます（**写真３**）。　**【高橋　圭二】**

Q22 哺乳ロボット飼養における牛入れ替え時の衛生管理

肉用素牛（もとうし）農家の場合と違い、酪農家では子牛を「ところてん方式」で順繰り入れ替える方式が大半です。その際の衛生管理プログラムと方法を教えてください。

A 「ところてん方式」は、敷料交換の際に牛房を消毒してもすぐに利用しなければならないため、オールインオールアウト方式に比べて十分な消毒効果を得ることが難しいと考えられます。このような状況において、衛生管理プログラムの中心は、飼育環境を常に良好に保つ対策が必要となります。特に敷料交換の徹底が求められます。完全な衛生管理プログラムとはいえないかもしれませんが、以下に大切と思われる事項を挙げてみます。

病気の広がりを防ぐ

下痢や肺炎にかかっている子牛は速やかにカーフハッチなどに隔離し、群全体に病気が広がるのを防ぎます。新しく牛群に加わったばかりの子牛は、生活環境が大きく変化することにより、感染牛からの病原性微生物の伝ぱを受けやすいと考えられますので、牛群から危険な原因を取り除いておくことが大切です。

新しく加わる子牛の状況

適切な品質の初乳を、生後すぐに、十分量を飲んだのかどうかを把握しておきます。十分に飲めなかったのであれば免疫力は低く、施設への導入後に下痢や肺炎にかかる可能性が大きいと考えられます。このような子牛は、導入後意識して観察し、問題があればすぐに対処することが必要です。

また、下痢予防を目的に導入後しばらくの間は、生菌製剤を代用乳に添加することも検討します。

敷料交換で快適な環境づくり

汚れた敷料は、病原性微生物が増殖している可能性が高いと考えられます。またぬれた敷料は子牛の腹を冷やして下痢の原因になります。さらには施設内のアンモニア濃度を上昇させ、肺炎の大きな誘因にもなります。敷料交換は頻繁に行う必要があります。

写真　敷料調査の場所
汚れやすいドリンクステーションと草架周辺、汚れの少ない休息場所を調査

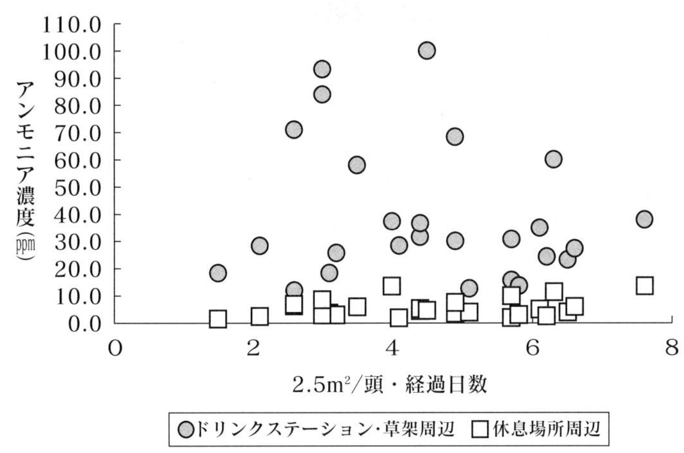

図1　オガクズ敷料表面のアンモニア濃度

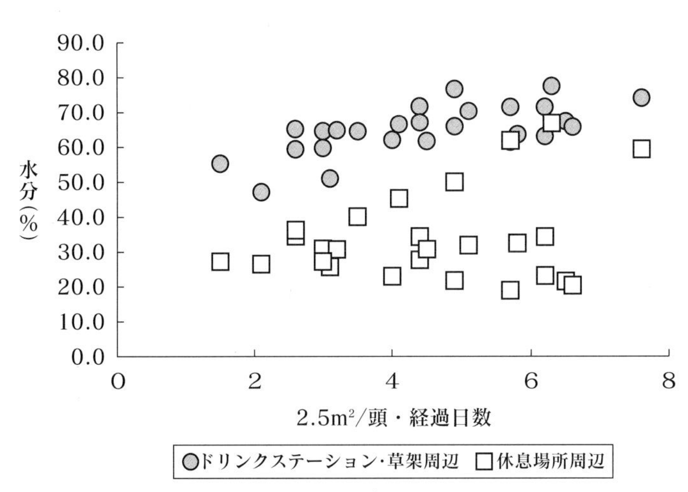

図2　オガクズ敷料中の水分含量

岩手県農業研究センター畜産研究所のビニールハウスを用いた哺育施設において、オガクズ敷料表面のアンモニア濃度と敷料の水分含量の推移を**図1、2**に示しました。1頭当たり2.5m²の飼育密度で日数を経過したときのデータで、汚れやすいドリンクステーションと草架周辺、汚れの少ない休息場所に区分（**写真**）して表しています。

1頭当たり2.5m²という飼育密度は、20頭の子牛を牛房面積50m²に収容したとイメージしてください。

アンモニア濃度については、サンプリング地点によるバラツキが大きく、はっきりとした傾向は出ていませんが、汚れやすい場所は早い日数で高く推移する傾向にあります。水分含量も同様の傾向が見られます。

このように汚れやすい場所は頻繁に敷料を交換する必要があると思われます。清潔で休息できる場所と汚れやすい場所を区分し、汚れる場所の敷料交換をやりやすくするためには、ドリンクステーション、飼槽と水槽、草架の設置場所と敷料搬出の動線を工夫することが大切です。

休息場所を含めた全体の敷料交換の必要な間隔は断定することはできませんが、水分含量から考えると、このくらいの飼育密度では3～4日くらいで交換が必要と考えられます。

消毒剤の選択

牛床の消毒剤にはさまざまあるようですが、一般細菌に効力のあるもの、ウイルスに効果のあるもの、または両方に効果のあるもの、コクシジウムに効果が期待されているものなど薬効範囲が異なるようです。薬効範囲と価格を検討して、必要な薬剤を選択するとよいでしょう。薬剤の選択と使用法は、獣医師など薬剤に詳しい方に相談してください。

【茂呂　勇悦】

Q23 哺乳ロボット飼養における子牛行動の意味

哺乳ロボットで飼養する頭数は20頭前後ですが、ペンで寝る場所が違ったり、群れたり離れたり、季節、天候、時刻によって行動が違います。これら子牛が発信するサインの意味と要注意の個体を見つける方法を教えてください。

A 行動のどこを見るか

子牛の行動は、「個体」で評価する場合と「群」で評価する場合の２つに分けて考えたほうがよいでしょう。個体であれば、まず、歩くとき、立っているとき、横臥（おうが）しているとき—の姿勢です。

次に、音に対する反応や目つき、皮膚の張り、鼻鏡の乾きなどの具体的な兆候になります。群であれば、飼養環境（ペン）の中で群全体としてどのような位置取りをしているか、さらに群の中で特定の個体がどのような位置取りをしているか—によって判断します。

観察項目と方法

環境の全体像をとらえる

全体像をとらえることが肝要です。哺育施設に入ったときに、牛は目や耳で人間に対し反応を示します。これが観察の出発点です。

施設の中で起きていることを牛の行動から察知します。例えば、夏期間に日差しが入っている個所に子牛がいないとすれば、そこが暑いことを意味します。冬期間にペンの中央に子牛が集中し、壁際にいないとすれば、壁から伝わる冷気を避けて体を寄せ合い群全体で寒さに対応していることを意味します。

哺乳ロボット施設における環境の選択行動は、カーフハッチで飼養されている子牛の行動が考え方の基点になります。カーフハッチには、風や日差しが当たらない「奥」、外気を吸い日差しを浴びることができる「外」、奥と外の中間の環境になるハッチ「入り口」付近、これらの３つの環境を子牛は随意に選択します（**写真１**）。

哺育ロボット施設で飼われている子牛の行動も同じ考え方で観察し評価します。繰り返しますと、子牛は与えられた環境の中で最も有利な状況を選択します。子牛の全体像を見渡すことは、施設の環境を評価することでもあります。

群全体

まず、子牛が施設内のどこに、どのように分布しているかを見ます。次に、人が視野に入ったにもかかわらず反応（人を見る）しない牛、手をたたく、舌を鳴らす、などで注意を喚起しても反応しない牛を特定します。これらの牛が要注意です（**写真２**）。

個　体

〔頭　部〕

子牛と目を合わせることが重要です。目を合わせることで自然に耳の状態が視野に入ります。目と耳が視野に入れば、頭のポジションも目に入り、頭のポジションが目に入れば、鼻も視野に入ります。これで頭部の重要な観察項目はすべて網羅したことになります。

〔胸から尻〕

次に、目線を胸から尻にゆっくり移し、胸の動き（呼吸の状態）を視野に入れます。このとき、被毛の光沢と汚れの有無が視野に入ります。最後に尻が糞で汚れているかどうか、汚れているとすれば、それが下痢かどうかを判断します。

写真１　カーフハッチには３つの環境があり、子牛は随意選択する

写真２　生き生きとした反応の良い子牛

写真３　異常な横臥姿勢

〔行　動〕

佇立（ちょりつ）後の子牛に「伸び行動」があるか、歩行している子牛の歩様に「ふらつき」はないか、横臥している子牛の頭のポジションは正常か、起きたがらない・歩きたがらない子牛はいるか、食う意欲と飲む意欲に満ちているか—などはそのときどきに該当する子牛を見て評価を行います。

〔検温と２つの〝テスト〟〕

以上の観察から異常と判断された子牛には、「検温」と脱水の有無を評価するための「皮膚つまみテスト」、体力を評価するために肩を押して「ふらつきテスト」を行います。

観察のシステム化

異常が起きつつある牛を発見し、異常が始まってから12時間以内に何らかの対策が打てるようにするのが観察をシステム化する目的です。そのためには、意図的に観察する時間帯と観察項目を決めたほうがよいでしょう。

時間帯の設定

〔飼料給与後〕

飼槽に来ない牛は何らかの異常があります。加えて、エサを食う意欲、水を飲む意欲も観察の対象です。健康が崩壊しかけた時点は、まだエサを食い水を飲みますが、この時点で食うことに積極性を失い始めた牛は要注意です。

〔休息時〕

目の動き、耳の動き、呼吸音と呼吸の仕方、休息姿勢、休息の場所—などを観察します。グループ飼養の場合、ペンのどの位置で横臥休息しているかも重要な情報です。壁側、あるいは特定の場所に集中しているか、規則性がなくペン全体を使っているか、体と体を接触させて群れているか、離れ牛がいるか—などの状況です。これらの情報から共通項を求め原因と解決策を導き出します（**写真３**）。

〔作業の最初と最後〕

１日２回以上は、しっかりと全頭を視野に入れる観察が必要です。少なくとも、管理者の目が行き届かない夜間の入り口（夕方の作業の最後）と出口（朝の最初の作業）で牛の状態を捕捉します。　**【菊地　実】**

Q24 哺乳ステーション周辺を強い牛が占拠する

哺乳ロボットのステーション入り口、スターターの入った飼槽、水槽などを強い子牛が占拠してしまいます。弱い子牛も自由に飲み食いさせるためにはどうすればよいでしょうか。

A 牛は哺乳ステーションや飼槽、水槽が特別に好きなわけではありませんよね。それらを占拠するということは、何らかの理由があるはずです。例えば、おなかが減っているとか、のどが渇いているというような理由です。子牛が何を求めているのか、それを満たすためにはどうすればよいのか考えてみましょう。

哺乳ステーションを占拠する場合

代用乳の濃度は適切ですか？

おなかが減っていると、代用乳に対する欲求が高まり、哺乳ステーションへのアクセス回数が多くなったり、滞在時間が長くなったりすることでステーションが占拠されることが考えられます。一般的な代用乳は、6～8倍量の温湯に溶かして給与します（代用乳の袋に適切な給与方法が書いてあります。商品によって適切な濃度などが異なるので、よく読んでください）。哺乳ロボットから排出される代用乳粉末量を正しく設定していたとしても、実際にその通りに排出されているとは限りません。ほとんどの哺乳ロボットでは、排出される代用乳粉末量は、実際の重量ではなく、代用乳粉末を排出する装置が動いた時間で決まります。代用乳粉末の排出量を設定した当初は設定通りの量が排出されていたかもしれませんが、数カ月ほどキャリブレーション（排出量の調整）をしないでおくと、排出量が設定値よりもかなり少なくなっていることがあります。これは、時間の経過とともに、代用乳粉末が排出される経路に粉末そのものが固着し、粉末の排出を邪魔しているためです。このような場合、哺乳ロボットの代用乳粉末を全部抜き取り、固着した代用乳粉末をすべて取り除く必要があります。

乳頭は可動式ですか？

ご存じの通り、子牛はさまざまなものに吸い付こうとします。人の指を吸うのはもちろん、ほかの子牛の耳やへそ、バケツ、管理者の作業着さえも吸おうとします。恐らく、こういった行動は哺乳類の特徴なのでしょうが、乳を飲んだ後にこの行動は特に顕著になるようです。ステーションに行けばいつでも哺乳ロボットの乳首を吸えることを学習すると、代用乳が出てこなくても乳首を吸っていますし、代用乳を摂取した後だと、そのまましばらく乳首をしゃぶり続けます。子牛が心行くまで吸い続けさせてやればよいのかもしれま

写真１　集団哺育における飼槽設置例

写真２　集団哺育における飼槽設置例

せんが、それによってほかの子牛が代用乳を飲めなくなるのは問題です。哺乳ステーションの乳首が、代用乳給与の有無にかかわらず牛がいつでも吸えるようになっている場合、乳首を可動式のものに変更し、代用乳が給与されないときは牛が乳首を吸えないようにすることで上記のような問題を回避できるかもしれません。乳首を可動式にしたい場合は、メーカーや販売店にご相談ください。

ステーション１台当たりの哺乳頭数は適切ですか？

Q26を参考にしてください。

飼槽を占拠する場合

スターター給与量は十分ですか？

スターターの量を制限して給与すると、強い子牛が自分の食べたい分だけスターターを食べてしまい、弱い子牛はスターターを食べられなくなります。スターターは自由摂取として、全頭が食べたいだけ食べられるようにします。ただし、残食が多く出るのはもったいないので、次回給与するときに残食が少量あるかないかくらいに給与量を調節するのがよいと思います。１日１回は残食を回収し、新しいスターターを給与してください。

全頭が一斉に採食できますか？

全頭が一斉に採食できない状況では、強い子牛が飼槽を占拠しやすくなります。平均的な体格であれば、１頭当たりの飼槽幅は０～２カ月齢で25～30cm以上、２～４カ月齢で35cm以上程度必要と考えられます。**写真１、２**は飼槽の設置例です。

離乳後何十日も経過した大きな子牛がいませんか？

Q26の「日齢の範囲」を参照してください。

水槽を占拠する場合

水量は十分ですか？

人工乳や乾草などを多く摂取する個体ほど水分も多く必要とします。20～25頭の哺乳牛の群れであれば、１度に１頭しか水を摂取できない小さな水槽でも問題ないようですが、吐出量が十分に確保されていないと、のどの渇いている牛が水槽を占拠することもあり得ます。水槽内の水量や吐出量が十分かどうかチェックしてください。　**【上田　和夫】**

Q25 哺乳ロボット飼養の下痢・肺炎予防対策

哺乳ロボットを使っていますが、下痢や肺炎がまん延して困っています。予防と対策を教えてください。

A 下痢や肺炎は、飼育密度が高くなったとき、季節の変わり目で気温の寒暖差が大きくなったとき、厳寒期に施設を閉めきったとき—に多く発症するように思われます。また、肺炎は下痢に続いて発病する場合が多いことも指摘されています。

下痢と肺炎は、飼育環境の悪化と病原性ウイルスや細菌の増殖と伝染、子牛個々の免疫力の低下が絡み合って発生します。予防と対策の中心は、飼育環境の改善と病原菌などの感染を防止することです。以下に考えられる予防対策を挙げてみます。

器具などの洗浄と消毒

乳首の洗浄と殺菌

乳首を自動的に水洗し、殺菌剤を噴霧できる機種も登場していますが、このような機能がない場合は、洗浄と殺菌をこまめに行います。必要な回数は飼育密度や温度・湿度によって変わると考えられますが、今回のように下痢や肺炎がまん延している状況では、1日のうち数回以上定時に行うこととしてはいかがでしょうか。殺菌剤は、搾乳機器に使用している次亜塩素酸ナトリウムが良いと思います。

水槽および飼槽の清掃

毎日行う必要があります。継ぎ足しは、水や人工乳の変敗原因であり、雑菌が増殖し、下痢を助長します。また水槽については、下痢や肺炎がまん延している状況では殺菌剤での消毒も検討したほうがいいでしょう。乳首の殺菌と同様に次亜塩素酸ナトリウムが良いと思います。

哺乳装置の自動洗浄

自動洗浄機能を有するものが大半と思いますが、洗浄がきちんと行われているか確認する必要があります。汚れは雑菌の温床となり下痢の発生を助長します。

洗剤が確実に減っているか、ホッパ内やチューブ内が汚れていないかなどを点検します。余談ですが、洗剤がアルカリ性か酸性の1種類しか使用できない旧型の場合は、搾乳機器の洗浄と同様にアルカリ洗剤を毎日使い、酸性洗剤を定期的に使用するのが良いと思います。

空気と温度の管理

換　気

施設内のアンモニア濃度の上昇は、肺炎の大きな誘因と考えられます。特に厳寒期は寒さを防ぐために施設を閉め切ることが多く、換気が不十分となるため肺炎が発生しやすくなります。牛体に直接寒風を当てず、積雪を考慮した換気を工夫する必要があります。さまざまな施設がありますが、側面の壁部分を開放する、ビニールやカーテンを巻き下げ型に加工する、天窓を設置する、換気扇を設置する—などの対策があります。

また、飼育密度や汚染状況に応じてこまめに敷料を交換することも、施設内のアンモニア濃度と敷料水分を低く保つことになり、肺炎と下痢の予防に有効です。

写真　加温区の設置
施設内にカーフハッチの高さを改造したものを設置し、中に電熱ヒータを取り付けた

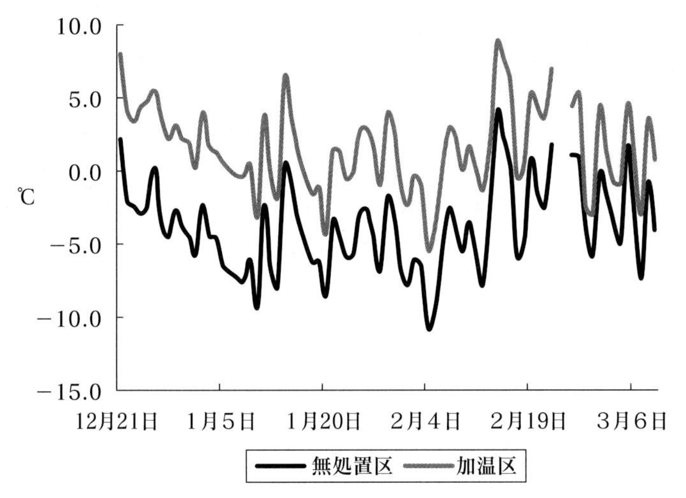

図　施設内最低気温の推移

厳寒期の保温

施設の構造や設置場所にもよりますが、厳寒期の保温は大切です。岩手県農業研究センター畜産研究所に設置した施設において、厳寒期の施設内最低気温の推移を**図**に示しました。加温区（**写真**）は、牛房内にカーフハッチを設置し、その中に保温器具を取り付けた場合の最低気温を、無処置区は牛房内の最低気温を表しています。加温区のほうは、無処置区に比べて6～7℃高く推移する傾向にありました。温度測定は地上高1.2mで行いましたので、加温区における体感温度はもっと高いと考えられます。厳寒期においては、発育の確保と免疫力を向上させる上で、換気に十分留意しながら保温対策を実施することが必要です。

添加剤などの利用

自動哺乳装置には、オプションとして粉剤や液剤の投薬タンクが付いており、代用乳給与時に混合して投薬することができます。下痢をしている子牛は隔離して治療するのが基本ですが、比較的軽度で広範な頭数に及ぶ場合は生菌製剤や整腸剤の投与も検討します。多種の製剤がありますが、効能と用法・用量をよく調べて使用します。

ワクチネーションプログラムの検討

分娩前の母牛にワクチンを接種し、初乳中の抗体を高め、その初乳を給与することにより子牛を感染性の下痢から予防する方法があります。外部から子牛を導入する哺育施設では結構用いられているようです。十分な効果を得るためには、対象とする病原性微生物の種類、接種時期などをよく検討する必要がありますので、獣医師に相談してください。

【茂呂　勇悦】

Q26 哺乳ロボット１台で飼養可能な頭数

哺乳ロボット１台で飼養できる頭数は、ペンの大きさ、形状、日齢の範囲などで異なるように思いますが、頭数を決める考え方を教えてください。

A

哺乳ロボットの能力

哺乳ロボットそのものの能力により飼養頭数の上限が決まります。**写真１**はドイツ製の哺乳ロボットで、おそらく国内で１番普及しているタイプだと思います。このタイプの哺乳ロボット１台で扱える子牛の総頭数は50～60頭程度とされています。これは哺乳ステーション（**写真２**）を２台設置した場合の頭数であり、１台しか設置しない場合、扱える頭数は25～30頭程度になるようです。ただし、この頭数も１頭当たりの哺乳量によって変動すると考えたほうがよさそうです。

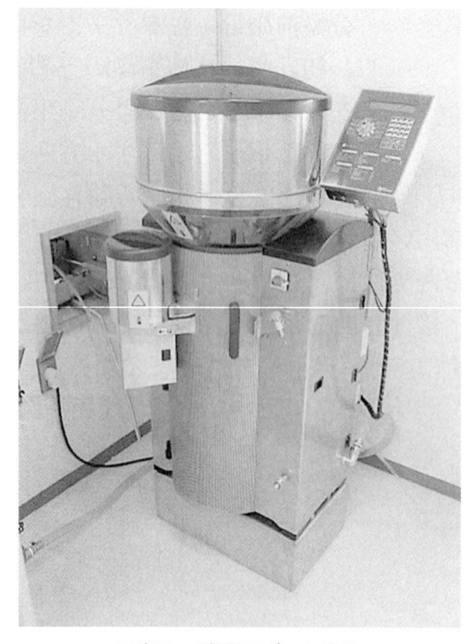

写真１　哺乳ロボット本体

哺乳量

１日１頭当たりの哺乳量が４ℓ程度であれば、哺乳ステーション１台で25頭程度飼養する分には問題ないようです。ある牧場では、１日１頭当たりの哺乳量を８ℓに設定しており、哺乳ステーション１台当たりの飼養頭数を15頭にしていました。哺乳量を多くすることで子牛が哺乳ステーションをアクセスする回数や、哺乳ステーション内に滞在する時間が長くなるため、哺乳ステーション１台で飼養可能な頭数は少なくなるようです。

Q24では、強い子牛が哺乳ステーションを占拠することが問題となっていますが、飼養頭数がステーション１台当たりで哺乳できる頭数より多いと、弱い子牛はステーションに入れる機会が少なくなります。哺乳量に見合った頭数で群を構成することが重要です。

写真２　哺乳ステーション

集団哺育ペンの大きさ

一般的な単飼用のペンやカーフハッチの床面積が2.5～3.0m^{2}程度です。集団哺育ペンを設計する場合も１頭当たりの床面積を単飼用ペンやカーフハッチと同等以上にしてください。１日１頭当たりの哺乳量が４ℓなら哺乳ステーション１台で25頭哺乳可能だからといって、床面積30m^{2}のところに子牛を25頭導入することは薦められません。このような過密な状態で子牛を飼うと、疾病やストレスにより子牛は弱り、発育は悪く、事故率は高くなるでしょう。床面積が30m^{2}しかないのなら、その集団哺育ペンで飼養する頭数は10～12頭が上限と考えたほうがよいと思います。

集団哺育ペンの形状

特別な形状にする必要はありません。正方形あるいは長方形で必要な面積を満たすようにしてください。ただし、集団哺育ペンには全頭が同時に採食可能な飼槽スペースを確保する必要があります。作業動線を考慮すると、飼槽を設置する辺の長さは、全頭が並んで採食できる長さにしたほうがよいでしょう。

飼槽スペース

全頭が同時に採食できる飼槽スペースが確保されていないと、弱い子牛はスターターなどを摂取できないことがあります。子牛が平均的な体格であれば、１頭当たりの飼槽幅は０～２カ月齢で25～30cm以上、２～４カ月齢で35cm以上程度必要と考えられます。もし飼槽スペースが３mしかないのであれば、哺乳ロボットの能力にかかわらず、０～２カ月齢の子牛の飼養頭数は10～12頭が上限と考えてください。

日齢の範囲

日齢の範囲は哺乳期間を何日くらいに設定するかによって異なります。例えば、42日齢（６週齢）くらいで離乳するのであれば、離乳後２週間同じ群にとどめ置くと、最大日齢が56日齢くらいになります。この程度であれば、７日齢くらいの個体と同じ群にしても大丈夫でしょう。しかし、離乳後何十日も経過したような大きな子牛を同じ群に置いておくのは望ましくありません。離乳していれば必要とされる管理も異なってきます。特に、スターターの摂取量は哺乳期の子牛と離乳後の子牛で差が大きく、離乳後何十日も経過したような個体はほかの個体の分までスターターを食べてしまいます。こうなるとQ24で問題になっているように、弱い子牛がスターターを食べられないことがあります。スターター給与量の１日１頭当たりの上限は2.5～3.0kg程度だと思います。スターターを上限量以上摂取する大きな個体は次の群に移動しましょう。

管理者の目の行き届く頭数

１群の上限頭数を決定する際の制限要因は機械の性能、施設の収容能力、日齢の範囲だけではありません。集団哺育をしているある方は、「哺乳ロボットの能力では１群25頭飼えるかもしれないけれど、25頭は多い。１度に見渡せるのは20頭程度」と言っていました。自分が望ましいと思う飼養管理を実行できるのは最大何頭までかということも重要な制限要因の１つです。

【上田　和夫】

Q27 離乳を確実に行う方法

離乳をする時は、１発でやめるのがよいのでしょうか？　段階的にミルクを減らしてやめるのがよいのでしょうか。

A

スムーズな離乳とは

離乳とは、代用乳（液状飼料）などの液状飼料の給与を停止し、人工乳（カーフスターター）や乾草などの固形飼料のみの給与に移行することをいいます。液状飼料を哺乳している哺育期に、第一胃が未発達で単胃動物型の消化管の特徴を持って生まれてくる子牛を、徐々に固形飼料を摂取させることにより反すう動物型の消化管に発達させておくことがスムーズな離乳につながります。

早期離乳法

一般的に、乳用種子牛の場合は１週齢から３カ月齢までの育成法として、代用乳と人工乳を用いた早期離乳方法が行われています（**表**）。代用乳のみを給与する場合は１日600g、牛乳のみを給与する場合は１日4.5kgとし、代用乳は約40℃の温湯で希釈して朝夕の２回哺乳バケツまたは哺乳瓶を用いて飲ませます。人工乳は生後１週齢から給与します。

給与量の目安は生後１～２週齢では１日に100g、生後２～３週齢では200g、生後３～４週齢では500g、生後４～５週齢では800g、および生後５～６週齢では1200gです。残飼は必ず取り除き、良質の乾草を自由採食できるように毎日与えることが重要です。これらの固形飼料の摂取が第一胃を刺激して、出生時には第四胃と小腸が中心であった消化機能を４～６週齢には第一胃や第二胃などの反すう胃が急激に機能を高めて、反すう動物としての消化機能に成長していきます。

時期の判断

離乳の時期は生後６週齢くらいが適当とされていますが、離乳時期を哺乳期間で判断するよりも、スターターの摂取量で判断することが重要です。１日のスターターの摂取量が800ｇ～１kgを超え、連続して３日間同量を摂取していると離乳が可能です。この基準を満たした段階で離乳を行うと、離乳後の体重の低下はほとんどなくて済みます。

さまざまな方法

現在、酪農現場では離乳の方法として、①１発で代用乳を停止する方法、②代用乳の量を段階的に減らしていく方法、および③代用乳の濃度を段階的に減らしていく方法―などさまざまな離乳法が行われています。

１発で代用乳の給与を停止して離乳させる方法は、作業の効率化につながりますが、急激に液状飼料から得られる栄養源がなくなるので、子牛にとっては多少なりとも栄養的なストレスを与えることになります。

そのため、子牛の側から考えると、段階的に代用乳の量を減らしていき固形飼料の摂取量が増加してきたことを確認した上で代用乳の給与を中止すると、栄養的なストレスを最小限にすることができるのでより良い方法と考えられます。

また、長期間にわたって牛乳と水を混合給与することはあまり好ましくないとの報告があるので、代用乳をお湯などで希釈して濃度

表　飼料給与例

生後日(週)齢	液状飼料の給与量		カーフスターター給与量(g /日)	良質乾草給与量
	代用乳のみ給与する場合風乾物(g /日)	牛乳のみ給与する場合現物(g /日)		
7〜13日	600	4.5	100	・
14〜20	600	4.5	200	・
21〜27	600	4.5	500	・
28〜34	600	4.5	900	・
35〜41	600	4.5	1,200	・
6〜7週	−	−	1,500	自由採食
7〜8	−	−	1,700	・
8〜9	−	−	1,900	・
9〜10	−	−	2,100	・
10〜11	−	−	2,200	・
11〜12	−	−	2,300	・
12〜13	−	−	2,500	・
計	21.0kg	158.0kg	120kg	

(日本飼養標準、1994)

を段階的に減らしていく方法は、長期間にならないように留意する必要があります。

いずれの方法にせよ、事前に適正な哺育方法を行い、子牛がスターターなどの固形飼料を十分に摂取できる状態にあると、離乳がきっかけとなりカーフスターターの摂取量が急激に増加していきます。このことから、離乳前にしっかり固形飼料を食べる訓練をしておくことが最も重要です。

また、カーフスターターは嗜好（しこう）性が良いために多給すると、離乳後の乾草の摂取量があまり増加せず、繊維質の消化率が低く推移してしまうので与え過ぎには注意する必要があります。

離乳後の管理

離乳という行為は子牛に対して劇的な変化を与えます。それは、栄養源が液状飼料中心から固形飼料中心に変わることにより、単胃動物様の消化吸収を行っていたものが牛本来の反すう動物の消化吸収方法へと切り替わることです。離乳時には、第一胃微生物のうち細菌類では主要な種が定着し、第四胃に達する総タンパク質に占める微生物タンパクの割合も成牛と同様の水準に達するとの報告もあります。しかしながら、子牛は離乳した瞬間に成牛と同様な消化吸収能力を持っているわけではなく、離乳直後に群飼いに移行すると、食い負けを起こし成長不良の原因となる可能性があります。そのため、離乳直後の移動は避けて最低１〜２週間哺乳時にいたカーフハッチなどで飼育して、カーフスターターや乾草などの固形飼料の摂取量が増加してきていることを確認した上で育成牛群へと移動することをお勧めします。

また、子牛の移動は、子牛にとって生活環境の大きな変化となり、多少なりともストレスを与えます。このストレスが免疫低下を引き起こして、下痢や肺炎などの感染症にかかりやすくなります。そのため、子牛の移動は、できるだけ気候が安定して、温度変化の少ない日を選んで行うことが重要です。

【松田　敬一】

Q28 春機発動と性成熟の違いと意味

春機発動と性成熟は意味が違うと聞きました。その違い、それぞれの意味を教えてください。

A 繁殖機能の２つの発達過程

育成牛の繁殖機能の発達を考える上で、春機発動と性成熟という２つの発達過程があります。〝春機発動〟とは初回排卵が起こったこと、〝性成熟〟とは卵巣・子宮が機能的にも十分に発達して妊娠可能となったことを意味します。

初回排卵時の月齢と体重

春機発動の時期は、発育が良好な牛で早まることはよく知られています。また、季節によっても影響を受け、日長時間が長い環境で飼養すると育成牛の春機発動は早まるという報告もあります。ホルスタイン種の育成牛９頭について超音波診断装置で初回排卵の時期を調査したところ、平均すると9.3カ月齢、体重は266kg、体高は117cmで春機発動を迎えました（**表**）。春機発動は体重との関係が最も深いとされているので、8カ月齢のときの体重と春機発動の時期との関係がどうなっているかを**図１**に示しました。この図から分かることは８カ月齢の体重が少ない牛ほど春機発動が遅れるということです。しかし一方で、体重が220kg以上の牛では春機発動の時期はほとんど変わらないことも分かります。この８カ月齢で220kgという体重は、ちょうど㈳日本ホルスタイン登録協会の標準発育値に相当します。つまり、日増体量を高め発育を向上させると春機発動の時期は早まりますが、ある一定水準を超えると春機発動はそれ以上早くなることはないといえます。

表　ホルスタイン種の春機発動時の月齢、体重および体高

項　目	平均 ± 標準偏差	範　囲
月齢（カ月）	9.3 ± 1.1	8～12
体重（kg）	266 ± 24	219～293
体高（cm）	118 ± 3	112～120

性成熟に至る期間

春機発動直後の発情は兆候に乏しい

次に性成熟について見てみましょう。前述の９頭の調査から、春機発動（初回排卵）の６～27日後に初回発情が起こるとその後はおよそ20日の周期で規則的に発情を繰り返すことが分かりました。しかし、最初の数回は落

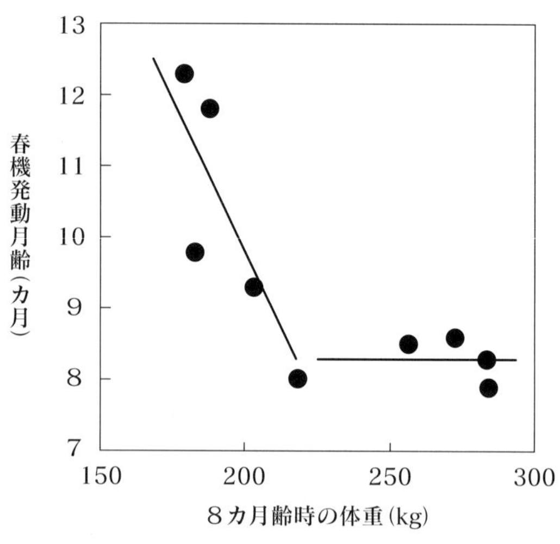

図１　ホルスタイン種育成牛の８カ月齢時体重と春機発動月齢

写真1　スタンディング(左)とマウンティング(右)
ほかの牛に乗られてもじっと立っているのがスタンディング(真の発情)で、発情牛に乗駕(じょうが)している(後ろから乗っている)行動がマウンティング

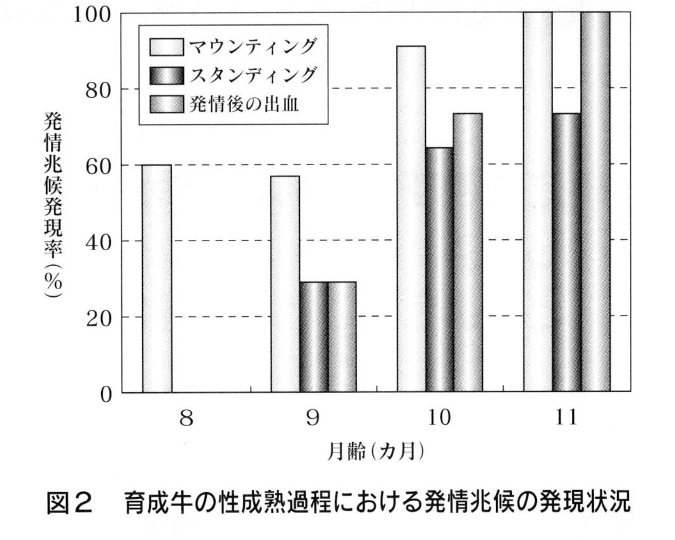

図2　育成牛の性成熟過程における発情兆候の発現状況

ち着きなく動き回ったり、マウンティングや外陰部の腫脹などの兆候のみで、本来の意味での発情行動といえるスタンディング(**写真**)や発情後の出血は見られない場合が多く、注意深く観察しないと発情を見落としてしまいます。これには個体差があり、スタンディングは2～5回目の発情から、発情後の出血は4～5回目以降にはっきりと見られるようになります。

春機発動から3カ月ほど必要!?

10カ月齢までに春機発動に至った7頭について月齢ごとに発情兆候がどれくらい観察されるかを**図2**に示しました。これは1日2回の発情観察で、各月齢ごとに見られた発情の延べ回数のうちスタンディングや発情後の出血といった各発情兆候がどれくらい観察されたかを表しています。8カ月齢では5回の発情のうちマウンティングは3回で観察されたものの、スタンディングや発情後の出血は確認できませんでした。11カ月齢では延べ11回の発情すべてでマウンティングと発情後の出血が観察され、スタンディングも73%で観察されました。

〝スタンディング〟と〝発情後の出血〟とは?

スタンディング行動は発情時に排卵前の大卵胞から分泌されるエストロジェン(卵胞ホルモン)が脳に作用して引き起こされる行動で、卵胞から十分な量のエストロジェンが分泌されている証拠です。また、発情後の出血は発情の2日後に外陰部から血液が排出されるもので、これは発情時のエストロジェンが子宮内膜の毛細血管に作用して透過性を高めるため血液が漏れ出てきたり、毛細血管が破れて子宮腔内に出血して起こる現象です。発情後の出血は子宮が十分に発達したことを意味します。つまり、〝スタンディング〟と〝発情後の出血が見られるようになった〟ということは、卵巣と子宮が機能的にも成熟したといえるのです。　**【草刈　直仁】**

Q29 施設や餌の馴致(じゅんち)をスムーズに行うには

成長に応じて群分けを行い、推奨される方法で飼っていますが、施設や餌が変わると成長が停滞する気がします。また、群の構成を変えると成長に差が出ます。どのようなことに気を付けるとよいでしょう。

A

誕生時点で備わっている能力

誕生時点で子牛がさらされる主要な変化は子宮から外の世界に出ることでもたらされます。例えば、環境温度の急変や病原微生物にさらされることであり、呼吸と栄養摂取の仕組みの変化です。環境温度に対しては、例えば、低温であれば褐色脂肪を使って適応し、病原微生物に対しては、初乳由来の免疫抗体で適応を開始します。胎子のときは胎盤由来で行っていた呼吸と栄養摂取は自らの呼吸器官と消化器官の活動によって自立して行います。

子牛はこれらの変化に対して生得的（生まれる前から備えているという意味）に適応する力を身に付けています。例えば、教えもしないのに呼吸をし、さらには母牛の乳頭から乳を吸い、寒ければ風をしのげる場所に移動します。

経験は記憶され長期間続く

一方、子牛は成長する過程で経験したことを記憶し積み重ねます。子牛にとって都合の良い経験、悪い経験、そのいずれもが記憶されていきます。子牛の記憶力は、われわれが想像するよりは高そうですが、時々意外な行動を示します。例えば、焼きゴテによる除角とその後の行動です。焼きゴテによる除角は最大級の苦痛であり、その後に継続する痛みは想像に難くありません。しかし、子牛は、除角した人間からの哺乳を受け入れますし、数日もすれば何事もなかったようにその人を慕ってくることもあります。この行動を考えると子牛は何を記憶し、その記憶を生きるための知恵として処理しているのかどうか、戸惑いを覚えます。

一方で、子牛は毎日繰り返されることをよく記憶しています。例えば、哺乳時間が近づくと管理者の行動や哺乳器具の音を理解し、哺乳を待つ行動を示します。同様に、子牛を思い通りにさせるためにたたく人間をよく記憶し、一定の距離を置こうとします。たぶん、これらの記憶はかなり長期間にわたって続くというのが筆者の経験です。

予想のつく管理はストレスを生まない

子牛が持つ適応力の高さと記憶力は、われわれが子牛を管理する上で忘れてはならないことです。子牛は記憶に基づき、期待通りのことが、期待したように起きることを好んでいるようです。次に何が起きるか予測がつくことは、子牛に心理的な安定をもたらします。換言すると、子牛は管理者から与えられるいい意味でのサービスも悪い意味でのストレスも、それなりに受け入れ適応していきます。

発育に対応したグループ化

子牛は発育の段階でさまざまな変化を経験します。離乳、濃厚飼料の種類とタイプ、粗飼料の種類とタイプ、群を構成する仲間の組み替え、春機発動とそれに続く生理的な変化などの変化を無事に通過することが発育です。

表1　育成牛のグループ分け

離乳前	0～2週間 2週間～離乳
離乳後	離乳～4カ月 4カ月～性成熟 性成熟～種付け 種付け 受胎～分娩予定日2カ月前 分娩予定日2カ月前～3週間前 3週間前～分娩

Charles J.Sniffen　Dairy Science Update Management57より重引

表2　育成牛の月齢、BCS(ボディーコンディションスコア)と体高

月齢	BCS	体高cm	月齢	BCS	体高cm
1		79～84	13		117～127
2	2.25	81～91	14	3.00	117～127
3		86～94	15		119～130
4	2.25	89～102	16	3.25	119～130
5		91～104	17		122～132
6	2.50	97～107	18	3.25	122～135
7		102～112	19		125～135
8	2.50	102～114	20	3.50	125～135
9		107～117	21		127～137
10	2.75	109～119	22	3.50	130～137
11		112～122	23		130～140
12	2.75	114～122	24	3.75	130～140

ハインリックス、ハーグローブ,1996 瀬良より重引

栄養学的に、管理学的に子牛を上手に飼うことは、**表1、2**のように発育目標と生理的な理由によってグループ化し、似たものをまとめて均質化することで対応できます。

ストレス発生要因の一例

グループ化は正しい管理手法ですが、さらにわれわれは子牛の心理的な安定に目を向ける必要があるかもしれません。

子牛を新しいペンに入れると、躊躇（ちゅうちょ）し立ちすくみ、その後隅々まで鼻を使って納得いくまで環境調査をします。ランキングが出来上がっているグループに、新参者として加えられた牛は、牛対牛の強弱関係が安定するまで威嚇と闘争にさらされます。

生草は、本来牛が食するものですが、初めて放牧された牛は生草を餌と認知せずに大混乱を起こします。今まで当然と思っていた哺乳がある日突然中止され、子牛は何が起きたのかを理解できずにほえ叫び乳を求めます。

これらのことは、多かれ少なかれほとんどの農場で起きていることです。

実は、これらのストレスが成長の停滞をもたらし、その結果として負け牛が生まれます。負け牛が存在すること自体は防ぎようがありませんが、勝ち牛と負け牛の差が大き過ぎることが問題です。

変化への移行をスムーズに乗り越える

われわれは、「馴致（じゅんち）」という言葉で環境の変化や飼料の変化のストレスをコントロールするすべを知っています。馴致とは、慣れさせること、次第にある状態になるようにすることです。言い方を換えると、これから子牛が上手に適応できるようにする移行のための教育です。子牛にとって初体験の出来事をスムーズに乗り越えさせるためには「馴致」がキーワードになります。

「馴致」の考え方は、一気に変化を起こさずに、ゆっくりと今の出来事と次の出来事をオーバーラップさせて、次の変化のために経験を通じて子牛を教育することです。

育成牛の成長をグループごとに評価したときに、必ずどこかのグループが見劣りしています。この原因の1つはそのグループへの移行方法にあります。　**【菊地　実】**

Q30 発育段階別体重・体高・ボディーコンディションの目安

誕生から分娩までの発育段階別に体重、体高、ボディーコンディションの目安を教えてください。

A それぞれの段階で何をすべきかは、最終目標が定まらなければ決めようがありません。乳牛の育成に関しては、最終目標、すなわち初産分娩時の体格が定まって初めて、発育段階別に目標とする体格が決まります。そこで、ここでは初産分娩直前から誕生時へとさかのぼりながら、24カ月齢分娩を目標としたときの体重、体高、ボディーコンディションスコア（BCS）について解説します（表）。

初産分娩直前・23～24カ月齢

初産分娩直前の体重は600～640kg、体高は140cm、BCSは3.5が目安となります。

初産牛は分娩後にも成長し、かつ泌乳しなければなりません。そのため、初産分娩時の体重が低過ぎると、十分な体重になってから分娩したときよりも、分娩後に成長に使われる養分量が増えます。そうすると、泌乳に使われる養分量が減るため、初産分娩時の乳量減を招くことになります。

体高が低過ぎると、全体の骨格の発達が不十分であり難産を招きやすくなります。BCSが低過ぎると、体重も低いですから、前述したように分娩後の乳量減の原因となります。また、BCSが高い場合も分娩や乳量に関する問題を生じます。BCSが高いということは過肥ということです。分娩前に過肥の状態だと、難産になりやすく、分娩前後の飼料摂取量の減少および周産期疾病の発生が起こりやすいことが知られています。

初回授精時・13～15カ月齢

24カ月齢分娩を目標としたとき、初回授精は13～15カ月齢から開始しなければなりません。そのときの体重は350～400kg、体高は125cm以上、BCSは3.0が目安になります。

初回授精を開始する基準は月齢ではなく、体格です。これらの基準に達していなければ授精対象とすべきではありません。月齢を基準に授精を開始すると、体格が小さいまま受胎する可能性があります。その場合、分娩前までに目標とする体格まで発育させることができず、難産を招きやすくなります。

7カ月齢くらいから初回授精開始までの牛を1群として管理する場合、体格の基準に達

表　24カ月齢分娩を目標としたときの体重、体高およびBCSの目安

月齢	誕生時 0	群飼い開始期[1)] 3	育成前期 6	初回授精時 13～15	初産分娩前 23～24
体重(kg)	40	100～110	180～200	350～400	600～640
体高(cm)	75	90～95	105～110	125	140
BCS[2)]	−	−	−	3.0	3.5

1)哺育期を個別飼いしたとき
2)5点式

して授精を開始した牛は別の群に移動します。それは、6～7カ月齢くらいから初回授精開始の牛を1群としている場合は飼料の養分濃度が高いため、受胎が確認できるまで同じ群に置いておくと過肥になりやすいためです。

授精を開始した牛は別の群としてまとめたほうが繁殖管理が容易になるというメリットもあります。

育成前期・6カ月齢時

前記の初回授精時の体格に持って行くためには、3カ月齢くらいから初回授精時までの日増体量を0.8～0.9kg程度として、6カ月齢時の体重を180～200kg、体高を105～110cmとします。BCSは2.3くらいといわれているようですが、これくらいの数値になるとスコアリングが難しくなります。

初回授精くらいまでの体格チェックの方法としては、BCSを付けるよりも、体高と脂肪の蓄積具合を見るのがよいでしょう。体格のチェック方法については後述します。

群飼い開始期・3カ月齢

哺育期の子牛を個別飼養している場合は、3カ月齢前後はスーパーカーフハッチなどで群飼いを開始する時期に当たります。この時期の体重は100～110kg、体高は90～95cmが目安になります。誕生時からの日増体量は0.7kg程度です。この時期までは増体を高めようとするよりも、病気にしないことが重要です。

誕生時・0カ月齢

平均的な体重は40kg、体高は75cm程度です。ここが育成のスタート地点となります。本当は、より良いスタートを切るためにどのような新生子牛を得るか―という視点で乳牛の管理を考えると、ここがスタート地点といえる時期はありません。子牛を育成して子を生んでもらい、またその子牛を育成して、という過程が絶え間なく繰り返されます。

後継牛の育成について考えるときは、ある時期だけ何かをすればよいというわけではありません。発育段階別に目標とする体格を理解したら、次は自分の農場で行っている飼養管理を総合的にとらえ、より良い後継牛を得るために欠けていることがないかどうか確認してください。

体格のチェック方法

体重と体高を正確に測定してBCSを適正範囲に収める、というのが体格をチェックする方法として理想かもしれませんが、実際に行うには難しいでしょう。実用的な方法として薦められるのは、おおよその体高を把握した上で、脂肪の蓄積具合を確認することです。体高が目標の大きさになっており、やせ過ぎたり太り過ぎたりしていなければ、体重もほぼ適正な範囲にあると判断できます。

脂肪の蓄積具合は、しっぽの付け根のくぼみの部分とでん部（尻）を確認すると分かりやすいでしょう。太り過ぎるとくぼみがなくなり、でん部に脂肪が付いて平らになります。

体高は市販の牛体測定つえが利用できますが、牛床側の柱に5cm刻みくらいで印を付けておけば、牛がそのそばを通ったときにおおよその体高を確認できます。また、自分の体のどの位置が目標の高さになるか確認しておけば、牛のそばに行ったときに体高を確認できます。

【上田　和夫】

Q31 発育段階別栄養の目安

育成牛の発育段階別に栄養の目安を教えてください。また、一般的な飼料を使った場合の目安も示してください。

A Q30で24カ月齢分娩を目標としたときの発育段階別の体格の目安を示しました。ここでは、それを達成するための群分け、養分濃度（**表1**）や飼料の給与量などについて解説します。なお、本項における可消化養分総量（TDN）含量および粗タンパク質（CP）含量はすべて乾物中の値です。

群分け

表1に示した養分濃度と、発育段階別に必要とされる管理を考慮して群分けすることを考えると、**表2**に示したようにおおむね3～4カ月齢ごとに群を構成することになります。しかし、育成牛の頭数規模や利用できる施設などによって群の数を減らす必要がある場合は、6～7カ月齢くらいから授精対象牛までを1群（目安：6～15カ月齢）とし、授精後の育成牛については分娩3週前くらいまでを1群（目安：16カ月齢～分娩3週前）とします。1群にする範囲をこれ以上広げると発育段階別に必要な飼料給与やほかの管理が困難となります。

哺育期・0～2カ月齢

乳、スターター、乾草を給与する時期です。

乳は生乳か代用乳を1日に4ℓまたは体重の10%程度給与します。遅くとも7日齢くらいからスターターと乾草を自由摂取させます。乾草はイネ科牧草の1番草早刈りのものか2番草のような繊維含量が低く、CP含量の高いものを与えます。1日当たりのスターターの摂取量が1kgを超えれば離乳可能です。大部分の子牛は42日齢（6週齢）までに離乳できるでしょう。離乳後にはスターター摂取量が急速に増加しますが、1日1頭当たりのスターター給与量は2.5～3.0kgを上限とします。

群飼い開始・3～5カ月齢

表2に発育段階別に給与する混合飼料設計

表1　ホルスタイン種雌牛の育成に要する養分濃度の例[1),2),3)]

		体重、kg（カッコ内は試算月齢[4)]）						
		79 (2.0)	170 (5.3～5.4)	261 (8.5～8.9)	352 (11.8～12.4)	443 (15.5～16.3)	533 (19.1～20.1)	624 (22.7～24.0)
TDN[5)]	%/乾物	76	69	66	64	64	64	68
CP	%/乾物	19	17	16	15	14	13	16
非分解性タンパク質	%/CP	40	35	32	30	25	25	30
分解性タンパク質	%/CP	60	65	68	70	75	75	70

1) THE UNIVERSITY OF WISCONSIN－MADISONの普及資料「Feeding Strategies for Optimum Replacement Heifer Growth」(P.C. Hoffman, http://www.wisc.edu/dysci/uwex/heifmgmt/pubs/hfstrat.pdf）の一部を抜粋して作成した。原本では、重量がポンド（lbs）で表記されていたが、本表ではキログラム（kg）で表記した
2) 分娩前体重636kg、23～24カ月齢分娩を想定したときの値
3) 性成熟前の増体量＝0.86～0.91kg/日、性成熟後の増体量＝0.77～0.82kg/日
4) 原本には月齢の表記がないが、本表では、上述の増体量で発育させたときの試算月齢を追加した
2.0カ月齢で79kgになると想定し、79～352kgまでを性成熟前、それ以降624kgまでを性成熟後として月齢を試算した
5) イオノフォアを給与する場合、エネルギー水準を低下させたほうがよい場合もある

の一例を示しました。３～５カ月齢ではTDN69%、CP18%程度の飼料を自由摂取させます。反すう動物では、通常、反すう胃内でビタミンBが十分に合成されるといわれますが、反すう胃の発達が不十分で濃厚飼料の給与割合が多い３～５カ月齢の群ではビタミンBが欠乏することがあります。そこで、ビタミンB含量の多いビール酵母を混合飼料に含めます。

授精前から初回授精

6～8、9～12、13～15カ月齢

この時期は**表２**に示したように3群に分けることが望ましいのですが、群分けが難しければ、１群にまとめられなくもありません。その場合の養分濃度の目安はTDN65～67%、CP15～16%程度です。

授精前から授精後の牛群に共通していえることですが、それぞれの群に専用の混合飼料を作成するのは作業が煩雑になります。そのため、例えば授精後の群に給与する混合飼料（TDN64%、CP13%）を1種類作成し、これをベースとして各群に給与し、不足する養分については単味の濃厚飼料や配合飼料をトップドレスで給与してもよいと思います。

授精後から分娩３週前

16～18カ月齢、19カ月齢～分娩３週間前

この時期は、繁殖管理上は授精後の妊娠鑑定対象牛（16～18カ月齢）で１つの群をつくったほうがよいのでしょうが、飼料の養分濃度はおおむね同じですから、１群にまとめることは可能です。TDN64%、CP13%程度の混合飼料を自由摂取させます。

分娩３週前～分娩

分娩３週前から分娩まではクロースアップの時期です。胎内の子牛の成長のためにも、高い養分濃度の飼料が必要になります。TDN68%、CP16%程度の飼料を自由摂取させます。

初産牛は成長中ということもあり、経産牛のクロースアップ用飼料よりも濃度は高めになります。分娩後の低カルシウム血症予防のため、炭酸カルシウムは混合しません。

実際の飼料原料や牛群に合わせた養分濃度の調整

表２の飼料原料の養分濃度は変動しやすいものもありますから、飼料原料の実際の養分濃度に合わせて乾物混合割合を調整する必要があります。また、**表２**の混合飼料はTDNとCPを基準に乾物混合割合を決定していますので、**表１**の非分解性タンパク質と分解性タンパク質の比率には当てはまらない場合もあります。**表２**はあくまでも目安としてとらえてください。実際の給与に当たっては、育成牛の発育状態を定期的にチェックし、さらに気温なども加味しつつ養分濃度を調整しなければなりません。

【上田　和夫】

表２　発育段階別に給与する混合飼料設計の一例

飼料原料名	飼料原料の養分濃度		発育段階							
			哺育	群飼い開始	授精前		初回授精	授精後		分娩前
	TDN	CP	0～2カ月齢	3～5カ月齢	6～8カ月齢	9～12カ月齢	13～15カ月齢	16～18カ月齢	19カ月齢～分娩３週前	分娩３週前～分娩
	%/乾物		乾物混合割合(%)							
サイレージ[1]	60	13	−	63	71	78	82	82	82	71
大豆かす	87	52	−	11	10	7	5	2	2	10
圧ぺんトウモロコシ	88	8	−	20	18	14	12	15	15	19
ビール酵母	81	53	−	5	0	0	0	0	0	0
炭酸カルシウム[2]	0	0	−	1	1	1	1	1	1	0
混合飼料の養分濃度[3]			%/乾物							
TDN				69	67	65	64	64	64	68
CP				18	16	15	14	13	13	16

1) チモシー2番草サイレージ
2) カルシウム含量39%、リン含量0%
3) 各飼料原料を混合したときに得られる混合飼料の養分濃度

第２章　離乳～育成期

Q32 育成牛へのサイレージ給与

育成牛にグラスサイレージやコーンサイレージを給与してもよい時期と量の目安を教えてください。

A グラスサイレージとコーンサイレージの給与方法について解説します。各時期に必要とされる飼料の可消化養分総量（TDN）含量や粗タンパク質（CP）含量、および濃厚飼料の給与量などについては、Q31を参考にしてください。なお、本項におけるTDN含量およびCP含量はすべて乾物中の値です。

グラスサイレージ

0～2カ月齢（90日齢程度まで）

哺育期のホルスタイン種雌子牛にグラスサイレージを給与した試験（北海道立根釧農業試験場・同新得畜産試験場、1995）では、粗飼料としてチモシー主体1番刈りグラスサイレージ（TDN63.7%、CP12.3%）のみを給与してもチモシー主体2番刈り乾草（TDN62.2%、CP10.9%）のみを給与しても発育に差はなく、グラスサイレージ給与による発育への悪影響は見られませんでした。ただし、この試験で用いられたグラスサイレージの乾物率は45.3%とサイレージとしては比較的高いものでした。乾物率が30%を切るような高水分サイレージを給与した場合、発育にどのような影響が出るかは定かではありません。

これらのことから、グラスサイレージは哺育期の子牛に給与する粗飼料として利用可能ではありますが、実際の給与の際には、低中水分のサイレージを給与したほうがよいと思われます。

遅くとも7日齢くらいからスターターを給与し、同時にグラスサイレージも与えます。スターター、グラスサイレージともに飽食給与とします。乾草であれグラスサイレージであれ同じことですが、乳のほかに粗飼料しか給与せず、子牛がスターターを摂取できない状況では、反すう胃の発達は遅れ、発育も悪くなります。哺乳期間中であっても水は給与してください。子牛が水を摂取することでスターターや粗飼料の摂取量が増加し、同時に反すう胃で発酵が起きる条件が整います。これにより子牛の反すう胃が発達していきます。

3カ月齢以降（90日齢程度以降）

3カ月齢以降から分娩前までの育成期間に給与するグラスサイレージは低中水分でも高水分でも構いません。濃厚飼料と混合したものを、飽食給与します。

コーンサイレージ

哺育期

哺育期の子牛へのコーンサイレージ給与については十分なデータがないため、残念ですが、この時期におけるコーンサイレージの給与方法についてはお示しできません。乾草または低中水分のグラスサイレージを給与してください。

3カ月齢以降（90日齢程度以降）

ホルスタイン種雌子牛にコーンサイレージを給与した試験（北海道立根釧農業試験場・同新得畜産試験場、1995）があります。この試験では、粗飼料としてコーンサイレージ

表　哺育･育成牛用の体格と飼槽幅[1)]

月齢	平均体格					飼槽幅 (cm/頭)
	体重 (kg)	体高 (cm)	膝高 (cm)	胸骨高 (cm)	腹幅 (cm)	
0～<2	54	81	30	46	21	25～30
2～<4	105	83	31	46	31	35
4～<6	161	104	32	55	34	35
6～<9	214	113	35	56	40	40
9～<12	288	121	36	56	46	45
12～<18	396	130	39	60	51	50
18～<24	543	138	40	61	57	55

1)「乳牛の集団哺育施設および育成牛用飼槽設計のガイドライン」
（北海道立根釧農業試験場、2005）から引用（一部改変）

（TDN69.3％、CP8.2％）と乾草（TDN65.5％、CP8.8％）を乾物比1：1で混合したものを給与した場合と乾草（同）のみを給与した場合を比較しています。3カ月齢から分娩前までの発育は、前者が後者と同等あるいは若干上回っており、コーンサイレージ給与による発育への悪影響は見られませんでした。コーンサイレージを給与する際に乾草と混合してあるのは、粗飼料としてコーンサイレージのみを給与すると、牛が摂取する飼料全体の繊維含量が低過ぎ、反すう胃内発酵などに悪影響を及ぼす可能性があるためです。また、コーンサイレージはTDN含量が高く、CP含量が低いため、粗飼料としてコーンサイレージしか給与しないと、牛の摂取飼料がエネルギー過剰・タンパク質不足になりやすく、過肥を招く危険性もあります。

実際の給与に当たっては、コーンサイレージと乾草を乾物比1：1で混合したものを基礎飼料として、それに濃厚飼料を混合し、各発育段階別に必要な混合飼料を作成するのがよいでしょう。飼料を混合できない、すなわち分離給与しかできない場合、コーンサイレージと乾草を乾物比1：1で摂取させることが困難です。ともに飽食給与にするとコーンサイレージの摂取量が多くなり過ぎる可能性があります。分離給与の場合はコーンサイレージを制限給与、乾草を飽食給与とし、不足する養分については濃厚飼料類をトップドレスで給与します。

写真　育成牛の採食

飼槽の条件

全頭が同時に採食できる飼槽を用意することは基本ですが、特に分離給与の場合はこの必要性が増します。1頭当たりの飼槽幅は**表**に示した値が目安となります。しかし、**写真**のように、牛がぴったりと横に並ばない場合、小さい子牛はほかの個体にはじかれて飼料を食べられないことがあります（**写真**の右端）。飼槽幅には余裕を持たせたほうがよいでしょう。

【上田　和夫】

Q33 群分けの判断と目安

離乳以降は群で飼うことになりますが、発育段階に応じて群分けするときの考え方とそれが適切かどうかを判断する目安を教えてください。

A グループ分けの考え方

育成牛は発育段階により栄養の要求量や環境適応能力が異なります。適切な群分け管理の実践により、健康的で適切な増体が確保され、バラツキが少なく合理的なコストで育成することが可能となります。

発育ステージ別の特徴は以下の通りです。

離乳から授精前

離乳後の子牛は発育の進んだ月齢の育成牛と比較して以下の点で異なり、配慮が必要になります。

①環境ストレス（暑熱、寒冷）に弱い
②免疫機能が発達過程にある
③反すう胃が未発達
④社会的適応能力が低い

離乳してから間もない時期は環境の激変を避けます。反すう胃が発達過程にある一方で成長効率が高く、乳腺の発達が旺盛な時期です。そのためタンパク質重視の栄養を供給しますが、エネルギーとのバランスに留意します。消化の良い穀類と良質な粗飼料、そして新鮮な水の給与が必要とされます。少頭のグループ飼養とし、体格差の少ない組み合わせにします。ステージが進むにつれて群分けの頭数サイズを増やすことができます。

授精期

この時期は発情兆候が確認され、授精を行うグループです。このステージを群飼養することにより、相乗効果が生まれ、より鮮明な発情行動が確認されます。捕獲が容易にできる施設構造とします。ボディーコンディションに注意し、極端な過肥ややせ過ぎを防ぎましょう。

受胎から分娩

反すう胃が十分に発達しているステージなので、乾物摂取が不足しなければ比較的容易に増体します。しかし、授精時に適切なフレームサイズであっても、この時に正常な発育を達成できない場合、初産分娩時の体格不足のため、難産を引き起こす可能性が高まります。逆にエネルギー過剰によりボディーコンディションがオーバーになると分娩後の代謝病やその後の繁殖成績に影響を及ぼします。

適否判断の目安

グループ分けを行うためには以下の点について留意します。また**表1、2**に示したガイドラインを参考にします。

①適切な飼養頭数であること
②フレームサイズのバラツキが少ないこと

写真　コミュニティーペンによる離乳後の少頭数飼育

表1　子牛と育成牛のグループ分けと施設の要約

グループ番号	月齢	グループの最大頭数	月齢の違い許容範囲	体重の違い許容範囲	1頭当たり床面積	1頭当たりバンクスペース	フリーストールサイズ 幅(cm)	フリーストールサイズ 長さ(cm)	飲水
1	0～2	1			2.2～2.9m^2	個別	No		個体バケツ
2	2～4	3～5	3週間		2.7m^2	45cm(仕切り)	No		凍結防止24時間給水
3	4～6	6～12	2カ月	34kg	2.7m^2	40cm	60	122	↓
4	6～9	10～20	3カ月	68kg	2.7m^2	40cm	76	137	
5	9～12	10～20	3カ月	90kg	3.0m^2	45cm	86	152	
6	12～18	10～20	6カ月	140kg	3.6m^2	50cm	97	183	
7	18～分娩	10～20	6カ月	140kg	3.6m^2	56cm	106	214	

(育成牛施設の建設における考え方 Dairy Science Update 296；ウイリアムマイナー農業研究所)

表2　育成牛の飼養頭数

牛群＝総搾乳牛数(頭)	40	75	100	250
子牛と育成牛(頭)	40	75	100	250
0～2カ月	3	6	8	20
3～5カ月	5	9	12	31
6～8カ月	5	10	12	31
9～12カ月	7	13	18	43
13～15カ月	5	9	12	30
16～24カ月	15	28	38	95

注：年間で平均的に分娩、分娩間隔が12カ月、雌50％、雄は全頭販売
(フリーストールシステム；ウイリアムマイナー農業研究所より一部抜粋)

③飼槽スペースと休息スペースが確保され、適切なデザインであること
④新鮮な水が常備されていること
⑤衛生的であること
実際の農場における群分け数は育成牛の管理方式や飼養頭数、施設の保有状況で異なるため、詳細な検討が必要です。望ましいグループ分けと管理の実践により、次のことが達成されます。
①正常な発育を示す
②月齢に応じた体格のバラツキが少ない
③適切な時期に授精できる
④適切なサイズで分娩を迎える
このことをチェックするためにはグループごとの発育（体高・体重）をモニターし、栄養や管理方法を微調整することが有効です。

【海田　佳宏】

Q34 発育段階別の居住スペース

育成牛の発育段階別に必要な居住スペースのサイズを教えてください。

A 育成牛の飼養施設には、哺乳牛と離乳直後牛の４カ月齢までは、カーフハッチとスーパーカーフハッチを利用する個別飼い方式と、自動哺乳装置を利用した群飼養方式があります。４カ月齢以降は、どちらも群飼養方式となります。

１頭当たりの休息スペース

踏み込み房（ベディッド・パック）方式

哺乳牛と離乳直後牛の１頭当たりに必要な休息場所の面積（採食通路などは除く）には、**表１**に示したアメリカの普及資料のように、月齢や体重に応じていくつかの数字が示されています。カーフハッチとスーパーカーフハッチの個別飼い時の休息場所の面積は2.2～2.9m^{2}で2.7m^{2}程度であればよいでしょう。

これに対し、４カ月齢までの群飼養方式の場合の必要面積は、北海道内の集団哺育施設の実態調査（「乳牛の集団哺育施設および育成牛用飼槽の設計ガイドライン」、北海道立根釧農業試験場、2004）から、１群の頭数は10～20頭となっており、１頭当たりの休息場所の面積（この場合は採食場所も含む）は2.0～5.8m^{2}で平均では3.0m^{2}程度となっています。

表１からは、５カ月齢から12カ月齢までの休息場所の面積は2.7m^{2}とされています。また、12～24カ月齢までは最低で3.6m^{2}必要とされています。

このようにしてみると、個別飼いであっても群飼養であっても12カ月齢までは平均で2.7m^{2}程度、12～24カ月齢までは3.6m^{2}の休息場所の面積が最低必要となります。

以上は、踏み込み房（ベディッド・パック）方式での放し飼いの場合の休息場所の必要最低限の面積です。**表１**の注にもあるように、これに除糞･採食用の通路が加わることから、牛舎全体の１頭当たりの面積はもっと大きなものになりますので、注意してください。

フリーストール方式

フリーストール方式の牛床を設置して管理する場合には、乳牛の体格差が大きいので設置する牛床や隔さくの寸法にも十分注意して

表１　子牛および育成牛用の牛舎の必要事項（Adamら、1995から抜粋）

群[a]	月齢	頭数／群	群の中の齢の開き	最大の体重差(kg)	休息場所の１頭の最小床面積(m^2)	１頭の最小飼槽幅(cm)[b]	フリーストールの推奨値 幅、長さ(cm)
1	0－2	1			2.2－2.9	個別の配合バケツまたは乾草架	(ハッチの例)使用不可
2	2－4	3－5	3週齢		2.7	45(さく付き)	(スーパーカーフハッチの例)使用不可
3	4－6	6－12	2カ月	34	2.7	38	68、120
4	6－9	10－20	3カ月	68	2.7	38	75、135
5	9－12	10－20	3カ月	91	2.7	38	85、150
6	12－18	10－20	6カ月	136	3.6	50	95、180
7	18－分娩	10－20	6カ月	136	3.6	55	105、210

注a：４から７群は、飼養頭数が少ない場合には1群か２群にまとめられる
　b：TMRが給与される場合には、６カ月以上の群では間隔は約20%減少することができる

表2　図1に示した育成牛用のフリーストールの各部寸法(アメリカ・コーネル大学、PRO-DAIRY)

群	体重(kg)	長さ(cm)		隔さく間隔(cm)	高さ(cm)		レール間隔(cm)	
		A[1]	B		H1	H2	S1	S2
A	181～272	152.4～167.6	116.8	81.3	81.3～91.4	22.9～30.5	40.6～58.4	45.7～61.0
B	273～363	167.6～182.9	127.0	91.4	91.4～96.5	30.5～40.6	40.6～58.4	55.9～66.0
C	363～454	182.9～198.1	142.2	99.1	96.5～101.6	30.5～45.7	40.6～61.0	61.0～71.1
D	454～544	198.1～228.6	162.6	106.7～116.8	101.6～111.8	30.5～45.7	45.7～71.1	66.0～81.3

1) 各寸法数字の範囲のうち、大きいほうの値は、牛床の前方がふさがれている場合の寸法、小さい値は前方が開放されているときに使われる
注：フリーストールは、152.4～167.6kg以下の子牛には使用しない

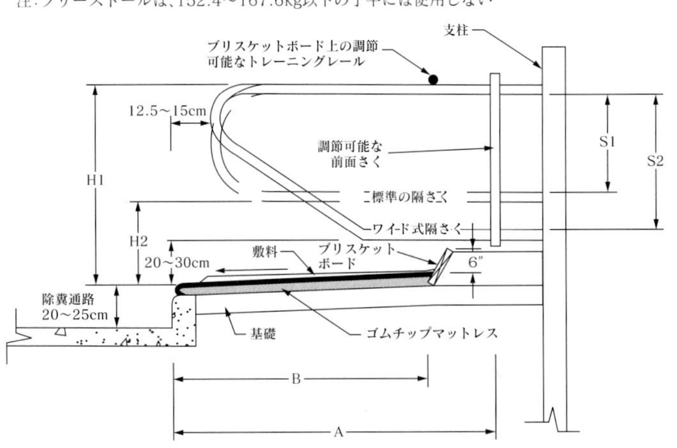

図1　育成牛用フリーストール各部

ください。牛床の寸法や隔さくの寸法については、**表1**、**2**および**図1**を参考にしてください。

採食時の飼槽幅

しかし、これだけでは適切な牛房は設計できません。収容された子牛が飼槽に並ぶための寸法を考慮する必要があります。

月齢によって体格に大きな差が出る子牛の場合には、群飼いによって「食い負け」で生育が不十分になったりする危険性が高いので、全頭一斉に飼槽に並ぶことができるような幅を確保します。また、飼養頭数規模に基づいた月齢ごとの最大飼養頭数をあらかじめ算出しておく必要があります。

図2に示したのは100頭の搾乳牛飼養での、6カ月齢以上の育成牛を収容するための牛舎の例です。6～10カ月齢の子牛を対象としたGroup "A" では10頭を収容しますが、1頭当たりの最低限の休息場所の面積は2.7m²であることから、全体では27m²以上の面積が必要になります。**図**では27.72m²となっており、最低限の面積は確保されています。

次に1頭当たりの飼槽幅は38cmであることから、最低でも3.8mの牛房幅が必要になりますが、図面では4.2mが確保されています。このように、6～10カ月齢の子牛を収容するGroup "A" では、最低限必要な面積、寸法で設計されていることが分かります。

もし全体の面積は十分でも、飼槽幅が確保できなければ牛房の幅を広げるなどの対応が必要になります。飼槽幅についても検証をして牛房の幅と奥行きを決め、できるだけ全頭一斉に並べるようにします。

自動哺乳装置を利用した群飼養での哺乳牛や離乳直後牛の場合には、十分な幅を確保するように1頭当たりの飼槽幅を40～45cmくらいの広さにして計算します。**【高橋　圭二】**

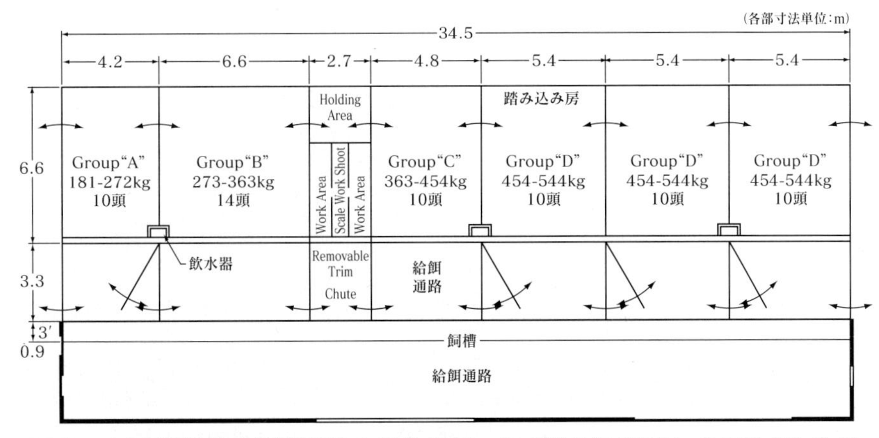

図2　100頭規模の飼養頭数の場合のゲート式踏み込み房方式の育成牛舎例
(アメリカ・コーネル大学、Pro-Dairy)

Q35 育成牛の削蹄・蹄管理

育成牛は削蹄しなくてよいのでしょうか？　また育成牛に必要な蹄管理の目安と考え方を教えてください。

A 蹄の問題が少ない理由

育成牛は一般的に、軽い体重やアシドーシスになりにくい栄養管理、小さい乳房、分娩などのドラスティックな生理的･飼養環境的変化を経験していない―などの理由から、成牛と比較すると蹄に関する問題が起きにくいと考えられます。

また、育成牛は牛舎に付随したパドックや放牧場で飼養されているケースが多く、このことが蹄の成長と磨耗のバランスを保つため非遺伝的な蹄の変形が少なく、あまり削蹄を必要としなかった理由の１つと考えられます。

そのため現在のところ、育成牛の削蹄についての定まったガイドラインはこれといってないようですが、育成牛の多頭管理やフリーストール飼養などの飼養管理の変遷により、育成牛の蹄の健康にもさまざまな問題が起きてきたことも確かです。

蹄疾患の現状と感染コントロール

DD（趾皮膚炎）や蹄球びらんなどの感染性蹄疾患がまん延している牛群では、蹄踵（ていしょう）部での負重を嫌うことによる蹄尖（ていせん）部の過度な磨耗などの変形蹄が発生することがあります。通路やパドックの衛生管理、導入牛や農場外からの病原体伝ぱのリスク管理、定期的な蹄浴（**写真１**）

写真１　育成牛舎内の連絡通路上に設けられた蹄浴用の通路（左側）。使用時に蹄浴槽を置き育成牛を通過させる

写真２　６カ月齢の育成牛ペン。飼槽側への脱出を防ぐためにネックレールを過剰に低く設置している。また、餌寄せも十分行われていない

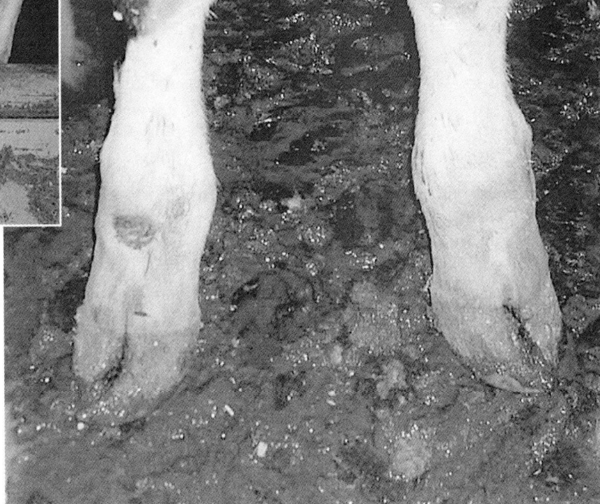

写真３　写真２の育成牛の前肢蹄。内側蹄の過剰成長と変形が見られる

などの感染のコントロールが必要になるでしょう。

餌槽の構造や管理が原因で、前肢内側蹄の過剰成長と変形が育成牛群中の多くの牛で見られることがあります。これは餌槽構造に問題があるため、餌槽から遠くに頚（くび）を伸ばして採食する姿勢を取ることで、前肢内側蹄に過剰な荷重と斜めの力が加わって内蹄の過剰成長と変形を起こすものです（**写真２、３**）。

削蹄のポイント

このような事例では削蹄による護蹄以外に、問題の根本的な解決を行うべきでしょう。

忘れてならないのは、そもそも育成牛では蹄に関する問題が起こりにくいものであり、もし育成牛に蹄についての問題があるのであれば、削蹄はそれを本質的に解決する手段とはならないということです。

前述したような特殊な状況を除いて、育成牛の削蹄のタイミングとしては、経産牛と同じように分娩の約２カ月前の削蹄が分娩後の跛行（はこう）発生の予防に効果的ではないかと思います。この際、明らかな蹄の変形が見られる場合を除いては、削蹄は内外蹄のバランスを取る程度か、白線部への嵌入（かんにゅう）物の除去程度にとどめるべきであり、蹄尖や蹄底の削り過ぎには注意しなくてはなりません。

初産牛のモニターが有効

未経産牛の蹄に関するモニター法として、分娩後の初産牛の跛行をモニターすることが有用であると考えます。初産分娩後は搾乳が始まることで跛行の観察の機会が増えます。これらの牛に問題がある場合、その原因は未経産の時期に起因することが多いかもしれません。　**【佐竹　直紀】**

Q36 環境・気象の違いをコントロールする方法

換気、気温、湿度などの環境や気象の違いが発育に影響すると聞きました。育成牛において、環境条件・気象の違いをコントロールするための方法・工夫について教えてください。

A 環境制御の方法と工夫

離乳後の育成牛を収容する牛舎の環境制御では、雨や雪が吹き込まないようにすることと、育成牛の体に直接強風が当たらないような場所をつくること、十分な量の乾燥した敷料を常に確保しておくことに留意してください。育成牛舎の多くがそうであるように、開放型で断熱のほとんど入っていない牛舎では、気温と湿度の両方を同時に制御することは困難です。十分な換気をして、牛舎内であっても外気と同じ新鮮な空気の中で飼養するようにしましょう。

季節別注意点

季節別に注意すべき環境制御条件は次のようになります。

〔温暖期〕

牛舎内の気温や湿度は外気とほぼ同じになるように、壁面の開口部をできるだけ開放して制御するようにします。必要であれば、送風器も設置して暑熱を防ぎます。壁面を開放する場合でも、育成牛が休息する場所に直射日光が入らないように、軒を長めに出すようにすることも効果的です。

〔寒冷期〕

壁面のカーテンを閉めるとともに、すきま風が牛体に当たらないようにしっかりと目止めします。しかし、締め切り過ぎて換気が悪くならないように、少なくとも軒下の部分を上から15～30cm開放するようにします。吹雪時、休息場所に雪が吹き込まないように、吹雪の間だけでも一時的に開口部を完全に閉鎖できるように、壁面カーテンは壁の上部までふさぐことができるようにしておきます。このようにすると、吹き込んだ雪が解けて牛体や敷料をぬらし、思わぬ事故を引き起こすことから育成牛を守ることができます（図１）。

台風のように夏期間のぬれは、気温が高いこともあってそれほど大きな問題にはならないと思いますが、寒冷時の牛体のぬれはできるだけ防ぐようにするとともに、ぬれた場合でも乾燥した敷料が十分に入った風の当たらない場所を確保しておくことで事故を防止できます。

〔太陽光の利用〕

日射は冬期間には積極的に活用します。しかし、温暖期には暑熱対策の観点からも、逆に日光が当たらないように防止する必要があります。特に牛舎の方向が東西方向の場合には、通路や牛房を南北どちらに配置するかで太陽光の利用性が大きく異なります。

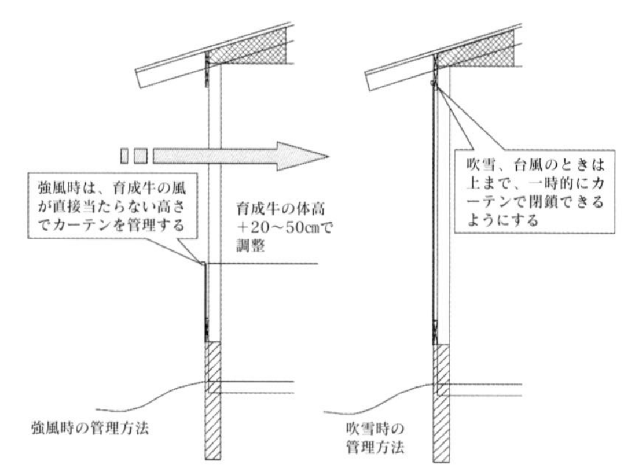

図１　壁面カーテンの構造と管理方法

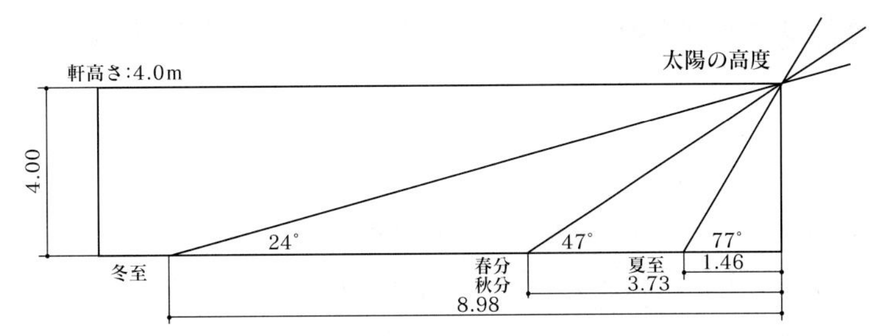

図2　札幌における太陽高度の変化と日射の入る距離(m)

図2には、札幌での夏至、春分・秋分、そして冬至での太陽高度と南向きの牛舎で軒高さ4.0mの場合に差し込む日射の届く距離を示しています。このように、夏至の時は南側の壁から約1.5mまでしか入りませんが、春分、秋分の時には約3.7m、冬至の時には約9.0mも差し込むことが分かります。

暑熱時の夏至から秋分までは、育成牛の休息場所にはできるだけ日射が入らないようにしたいわけですから、この南側の場所は幅3.0m程度の作業通路として確保し、その奥に休息場所を設置したほうがよいと考えられます。このようにしても寒冷期の秋分～冬至～春分には、休息場所であっても太陽光の恵みを十分に利用できます。

各地の太陽高度は、冬：90度－（地点の緯度＋23.4度）、夏：90度－（地点の緯度－23.4度）で求めることができます。

このような点にも配慮して、通路や牛房の位置を決め、牛舎内環境が良好に維持できるように工夫してください。

換気が良好かどうかの確認

牛舎の換気が良好かどうかは、温度・湿度の計測、ガス濃度の計測、風速や風の動きの計測などで判定します。

温度差の計測

この中で、一番簡単にできるのは、比較的牛舎が閉鎖状態で換気の悪くなる夜間の牛舎内外の温度差を計測してみることです。牛舎内は数カ所、胸の高さの温度を計測し平均温度を計算します。外気温度は、牛舎の影響が出ないくらいに少し離れた場所で計測します。

牛舎の内外温度差は、搾乳牛のフリーストール牛舎の場合には最大でも６℃以下で、２～３℃程度になるように管理する必要があるとされています。育成牛の場合には発熱量も少ないので、内外温度差はもっと小さくなるものと思われ、２～３℃以下になっていればよいと思われます。

炭酸ガス濃度の計測

より詳細な換気の確認のためには、農業改良普及センターなどに装備されていることが多い「ガス濃度検知管」を使って、牛舎内の炭酸ガス濃度の分布を計測します。

炭酸ガス濃度は、屋外では300～350ppmです。育成牛の場合には呼吸による炭酸ガスの発生量も少ないので、空気がよどんだ牛舎内の換気の悪いところでも500ppm以下とする必要があります。それよりも高く1000ppm程度の濃度の場所があるような場合には、空気のよどみをなくすなど、牛舎内の風の流れを改善する必要があります。

その他のポイント

その他の確認方法としては、牛舎の中で子牛のせきが聞こえるかどうか、ということや、敷料のぬれ具合が挙げられます。

せきが聞こえるような牛舎では、換気が悪く空気が汚染された状態であることが長く続いていることを示しているといってもよいでしょう。せき込んでいる牛を別の場所に移動して、牛舎は換気を良くするために開口部を開け、汚染された空気を常に外気と同じ新鮮な状態に保つようにし、敷料も乾燥した状態のものを入れてください。

敷料を取り換えたけれど、すぐに湿った状態になってしまう―という場合も換気不良になっていることが考えられます。壁面を開放し、空気の流れを良くして、敷料が乾くように管理しましょう。　**【高橋　圭二】**

Q37 育成牛の放牧

育成牛はいつごろから放牧してよいのでしょうか。
また、放牧前の馴致（じゅんち）の方法は？
ちなみに私は、公共牧場に預託しています。

A

放牧開始時期

公共牧場では6カ月齢くらいから放牧を開始するところがほとんどだと思われます。反すう胃は濃厚飼料や粗飼料といった固形飼料の摂取によって発達します。従って、6カ月齢を過ぎても哺乳しており、固形飼料摂取量が少ないような場合は反すう胃の発達が不十分で、6カ月齢で放牧することには問題があるかもしれません。しかし日本では、ホルスタイン種雌子牛の多くは6～8週齢くらいで離乳されていると思います。つまり、6カ月齢からの放牧であれば、離乳後4カ月以上経過してからの放牧ですから、放牧草を利用する反すう胃の能力そのものは十分に発達していると考えられます。にもかかわらず、実際には6カ月齢くらいからの放牧では、発育不良のいわゆる〝こじれ〟た牛が発生しやすく、〝こじれ〟ないまでも舎飼いと比べて発育が芳しくないことが多いのではないでしょうか。これらは恐らく、月齢の高い牛と比べて、月齢の低い牛は放牧に伴うさまざまな環境の変化に対応するのが困難であり、そのひずみが発育に表れるためでしょう。

そこで、以下に記すようなことが問題として考えられるのであれば、放牧開始月齢をより遅くすることも必要です。

寒冷の影響

育成牛は搾乳牛よりも熱の産生量が少ないがゆえに、暑熱よりもむしろ寒冷の影響が問題となります。放牧開始間もない時期は、日中は暖かくとも、夜間から朝にかけて冷え込むことがあります。小さい牛ほど体の容積に対する体表面積の割合が大きいため、熱を奪われやすく、寒冷の影響を強く受けることになります。

特に、1日のうちの温度変化が大きいほど、牛の生理的な機構がそのような変化にうまく対応できず、さまざまな面に変調を来すことでしょう。寒冷に風雨が加わると、その影響はさらに強くなります。月齢の低い牛では、後述する時間制限放牧のような馴致が特に重要になります。

放牧草種と飼料成分

24カ月齢初産分娩を目標としたとき、順調に発育している6カ月齢くらいの育成牛であれば、摂取飼料全体の可消化養分総量（TDN）含量は67～68%、粗タンパク質（CP）含量は16～17%程度必要です。**表**に示したように、放牧草は適切に管理できれば非常に栄養価の高い優れた飼料として活用できます。しかし、手をかけにくい育成牛の放牧では草が伸び過ぎて、**表**のような高い栄養価を期待するのは難しいかもしれません。

また、草丈を適切に管理できたとしても、成分の季節変動により、放牧草だけでは育成牛が必要とする養分を供給できないこともあります。草地の管理が適切であれば、CP含量は季節変動はあるもののおおむね15～16%以上を期待できるようですが、草種によ

表　放牧草種別の成分組成（年間平均）[1]（マメ科率乾物割合15%）

主体イネ科草種	イネ科草草丈	TDN	CP
	cm	――― %/乾物	―――
チモシー	30	71.5	19.9
メドウフェスク	30	70.5	19.9
ペレニアルライグラス	20	78.0	19.6
オーチャードグラス	30	73.0	21.7

1)「草地酪農における飼料自給率70%の放牧技術」（北海道立根釧農業試験場・同天北農業試験場、2003）から引用（一部改変）

写真　育成牛の放牧

っては夏季にTDN含量が65%を切ることもあります。

さらに、放牧では採食や歩行のために舎飼い時よりもエネルギー消費量が多くなるため、舎飼い時と同じ発育を得ようとすると、その分牛が摂取するエネルギー量を多くしなければなりません。６カ月齢くらいから放牧するのであれば、牛が必要とする養分量と草地の状態とをてんびんにかけて、不足する養分量を併給飼料で補うことが必要です。

放牧草がマメ科優先になっていると鼓脹症を招きやすいので、月齢を問わず、ほかの粗飼料を併給するなどの配慮も必要です。

草量不足への対応

草地を適切に管理できていたとしても、草量が不足すると、摂取養分量が少なくなることで、発育は悪くなります。特に、７月下旬くらいからは単位面積当たりの草量が減ってくるので、早めに輪換する、牧区面積を広げる、あるいは乾草やサイレージなどを併給するといったことが必要になってきます。草量の少ない時期に月齢の低い牛を放牧する場合、食い負けしないよう、これらのことがより重要になります。

ある公共牧場の例

ある公共牧場では、放牧地の傾斜がきついことや地域的に朝晩の温度差が大きいといった立地条件を考慮して、放牧開始月齢を10カ月齢以上に設定しています。また、時期的な草量の不足も考慮し、預託された育成牛が８月中旬までに10カ月齢に達しない場合は、その年は放牧に出さない方針とのことでした。この牧場のように、育成牛を放牧する時期は、放牧地の地形、気候、そして草地の状態（草丈、草量）などを考慮し、総合的に判断する必要があるでしょう。

馴致方法

牛を放牧に出すと、その環境の変化に適応するために２～４週間必要であるといわれます。放牧開始当初の一定期間は、時間制限放牧を行うなどして、新しい環境に徐々に慣らすことが推奨されています。　**【上田　和夫】**

Q38 発育を知るさまざまな器具・機材

発育の程度（体重、体高など）や飼育環境（温度、湿度、風、光など）、飼料（初乳、水質など）を計測するための器具機材を一覧表で示してください。

A 発育を計測するための機材

器　具	測定内容	写　真
体重推計尺	巻き尺式で胸囲を測定し、体重を推計する。胸囲は肩後第８肋骨の基部を通過する帯径の周囲の長さを示す（図） 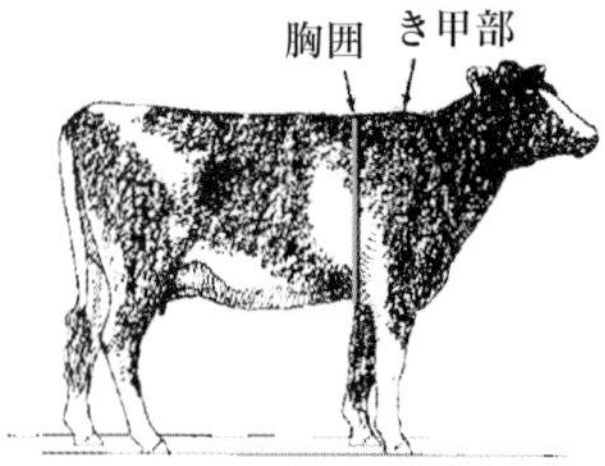 胸囲　き甲部 図　き甲部と胸囲	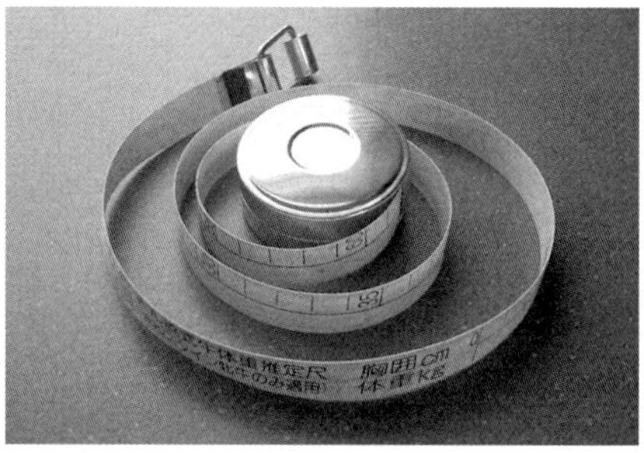
体重推計尺	骨盤の幅を測定し、体重を推計する。牛の後方から測定するので、巻き尺方式より安全で素早く測定することができる	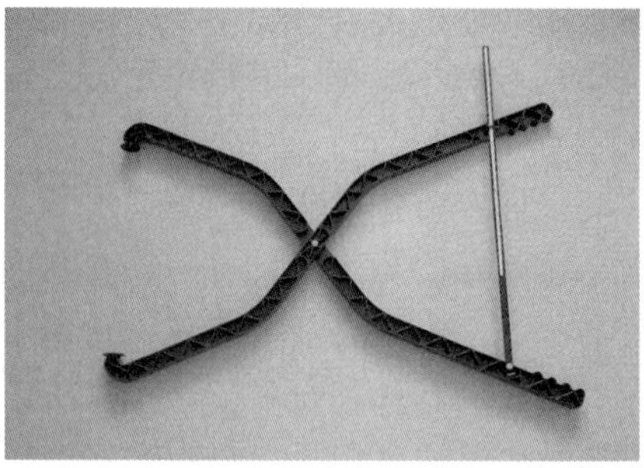
体高尺	体高を測定する。体高はき甲部より垂直に地面に達する間の長さを示す（上欄の図参照）。平らな場所で測定すること。体高の評価はタンパク栄養を反映している	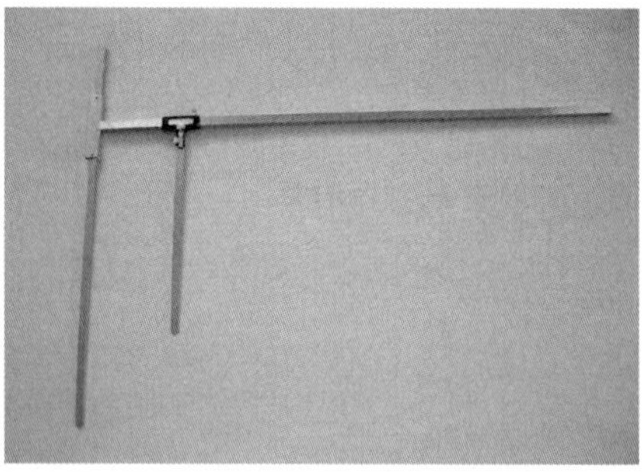

環境を評価するための機材

器　具	測定内容	写　真
温湿度計	ハンディなサイズで直ちに温度・湿度・風速が測定可能	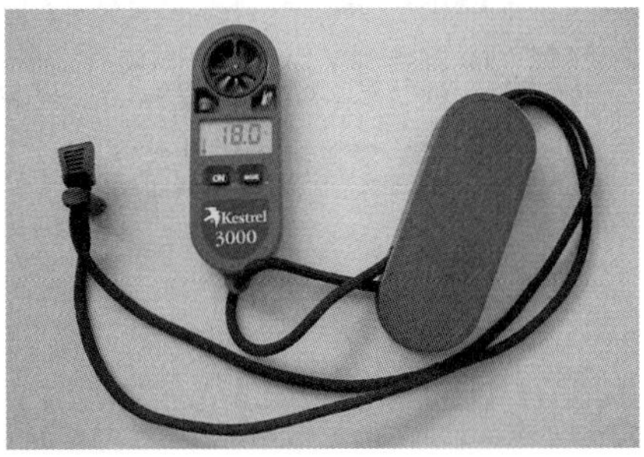
温湿度計	温度や湿度を経時的に記録し、一定期間の推移をコンピュータで表示することができる	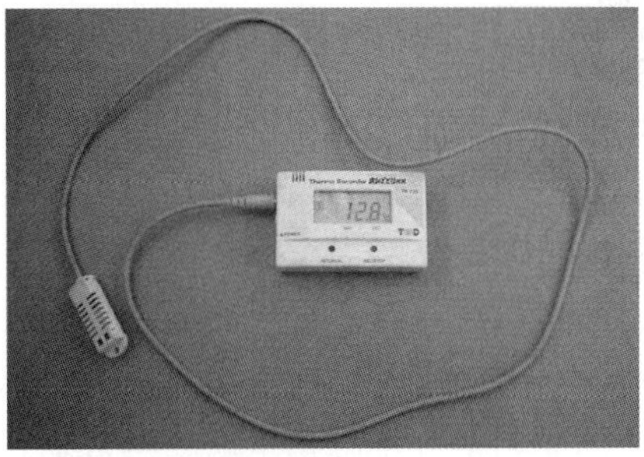
ガス検知器	アンモニアや炭酸ガスを検知することができる	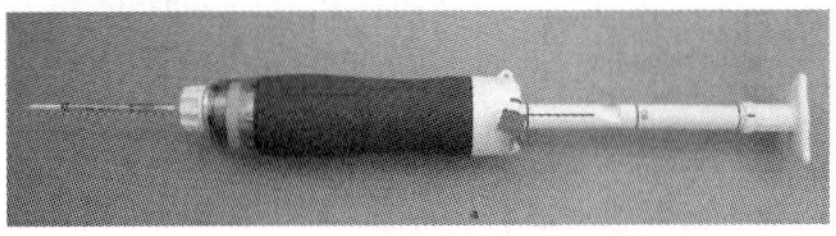
照度計	牛舎内の明るさを計測する。明るい飼養環境のほうが健康的で発情回帰がよい	

飼料を評価するための機材

器　具	測定内容	写　真
比重計	初乳の比重を計測する。常温で測定し、比重1.054以上の初乳を子牛に給与する	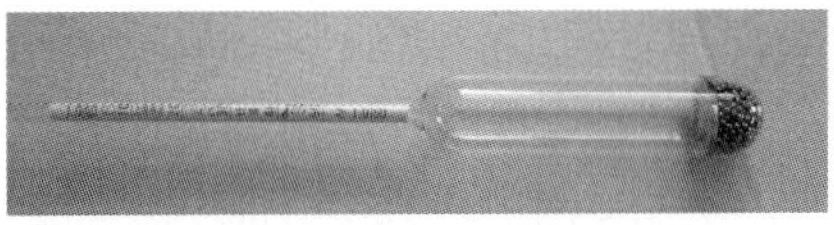
pHメータ	水やサイレージのpHを測定し、品質を評価する	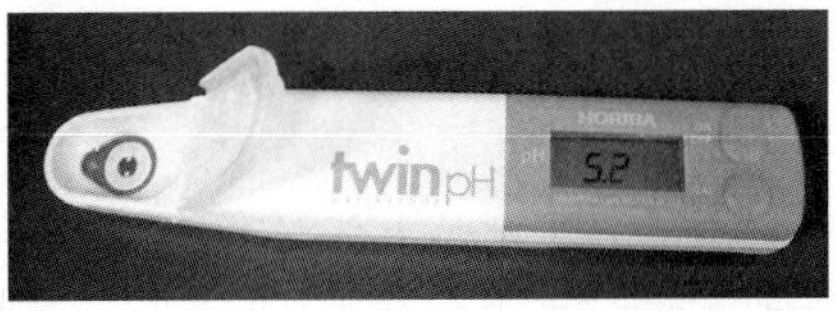

【海田　佳宏】

Q39 未経産牛におけるカビ毒対策

未経産牛で乳房に膨らみがある原因の１つはカビ毒と聞きました。カビ毒の影響と対策について詳しく教えてください。

A ２つの異常膨らみ

生理的な原因

未経産牛で見られる異常な乳房の膨らみには大きく２つあり、生理的なものと乳房炎による膨らみに分けられます。

生理的な異常膨らみは牛の体質や摂取飼料などによって、乳腺が早期に発育することにより起こります。草乳や異常腫脹（しゅちょう）などと呼ばれ、通常は４分房が均一に大きくなりますが、時として１～２分房が大きくなることもあります。

未経産牛乳房炎

もう１つの異常膨らみである乳房炎は未経産牛乳房炎と呼ばれ、泌乳牛で見られる乳房炎と原因菌が異なり、主に化膿（かのう）菌（アクチノマイセス・ピオゲネス）によって起こる乳房炎です。夏季の放牧している育成牛に多く発生しますが、近年、舎飼いされている未経産牛での発生も注目されています。

通常、１～２分房が罹患（りかん）することが多く、乳房炎となった分房には熱感、疼痛（とうつう）が見られ、乳房内の分泌物がクリーム状となり、ブツを含むことなどで前述の異常腫脹と区別されます。

未経産牛乳房炎の原因には夏季の昆虫による乳頭への刺激や病原体の伝ぱが大きな原因とされていますが、これとともに乳腺の発育状態がかかわって乳房炎が発症すると考えられています。

疑われるカビ毒

このため、未経産牛の乳房の膨らみには異常腫脹でも、未経産牛乳房炎でも、ともに育成期での乳腺発育を調節する性ホルモンのエストロジェン活性が大きく関与します。カビ毒の中には、このエストロジェンと同様な作用を引き起こすと考えられるものがあり、フザリウム属のカビがつくるゼアラレノンはその代表です。これらはいわゆる内分泌かく乱物質（環境ホルモン）として、乳腺に異常な発育をもたらすことが疑われています。

また、同じフザリウム属のカビがつくるトリコテセンは免疫機能を抑制するカビ毒で、このようなカビ毒により免疫抑制された牛が乳房炎を引き起こす可能性が懸念されています。未経産牛に見られる乳房の膨らみについて、カビ毒が原因の１つに考えられるのは、このようなカビ毒が知られているためです。

飼料を汚染するカビ毒

カビ毒はカビが成長するときにつくられる

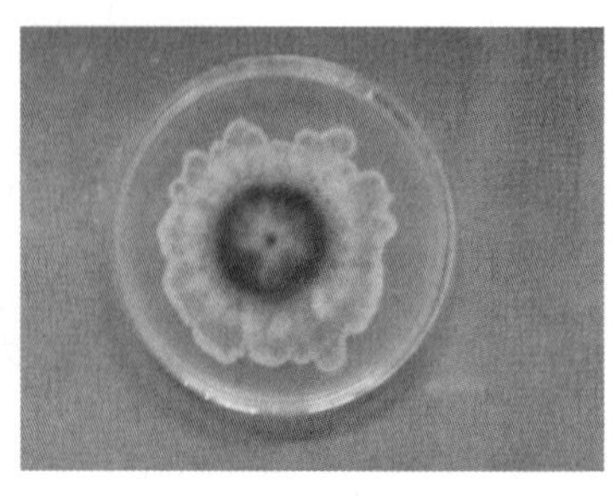

写真　フザリウム・グラミネラム
デオキシニバレノールやゼアラレノンなどをつくる代表的なカビで、各地の圃場から容易に見つけられる。主に麦類、トウモロコシに感染する。ピンク～赤色の色素を出し、特に小麦の赤カビ病菌として知られている

特定の代謝産物で、人や家畜にとって有害なものをカビ毒と呼び、現在、200種以上が知られています。カビ毒を摂取した乳牛は乳量の減少、繁殖障害、免疫抑制、消化器病など、健康や生産性を阻害すると考えられています。しかし、酪農現場でのカビ毒被害が、どのような種類のカビ毒によって、どのくらい発生しているのか、実はよく分かっていません。

現在、飼料安全法でアフラトキシンB1、デオキシニバレノール、ゼアラレノンの3種類のカビ毒について、家畜飼料中の許容基準が示され、それぞれ20ppb、1ppm（ただし、3カ月齢以上の牛は4ppm）、1ppmとされています。これら3種類は酪農現場での飼料汚染が多いと考えられるカビ毒で、特に注意が必要なものです。

主なカビ毒が引き起こす症状

アフラトキシン

アスペルギルス属のカビがつくるカビ毒で、食欲不振、出血性腸炎、肝機能障害や肝臓がんを起こす毒性の強いカビ毒です。また、アフラトキシンに高濃度汚染された飼料を摂取した乳牛では、アフラトキシンが牛乳へ移行します。このため、許容基準を必ず守る必要があります。

トリコテセン／ゼアラレノン

フザリウム属のカビ（**写真**）がつくるカビ毒にはトリコテセンとゼアラレノンがあります。家畜では豚で感受性が高く、牛は低いとされています。しかし、牛でも大量摂取や状態によって、豚と同様の症状を引き起こすと考えられています。

ゼアラレノンは細胞内の受容体に結合し、エストロジェン様の活性をするカビ毒で、豚に外陰部の肥大、乳房腫大、流産を起こすことが知られています。

デオキシニバレノール

トリコテセンは構造が似たカビ毒の総称で、代表的なものにデオキシニバレノールがあります。主に麦類やトウモロコシにつくられるカビ毒で、豚では下痢やおう吐など食中毒症状を示します。また、摂取量や乳量の低下、免疫障害などを起こすと考えられています。

圃場でのカビ防止

フザリウムは圃場で収穫前の作物に、デオキシニバレノールやゼアラレノンを既につくっています。このため、これらカビ毒対策には飼料作物について、抗病性品種の利用、適切な耕起・播種や収穫など圃場でのカビ予防が重要となります。

牧草調製および飼料給与時の対策

カビ毒被害の対策は給与飼料を温暖、湿潤な環境から避けてカビを生やさないこと、特にサイレージについては十分な踏圧や密封など調製保存に関する基本技術を徹底します。また、飼料のカビ汚染状況を日ごろからよく把握しておき、牛群に異常を見つけたらすぐに給与を中止することが重要です。通常、カビ毒による症状は汚染飼料の中止によって完全に回復します。やむを得ず汚染飼料を給与しなければならないときは、汚染していない飼料と混ぜ、希釈します。許容基準までに希釈すれば牛に給与できます。

カビ毒対策として、吸着剤も利用されています。吸着剤はカビ毒を吸着することで、牛への吸収を阻害してカビ毒を体外に排出します。しかし、吸着剤は許容基準内の汚染飼料に補助的に使うべきで、吸着剤を給与しているから、許容基準を超える汚染飼料を給与してもよいと考えるべきではありません。

被害・原因の検証は多面から

カビ毒には確かに毒性がありますが、飼料に生えているカビのすべてがカビ毒をつくるわけではありません。むしろ、ほとんどのカビはカビ毒をつくっていないと考えられています。また、許容基準を超えれば直ちに被害が発生するものでもありません。カビ毒について過度な不安を持つのではなく、牛群の被害状況をカビ毒以外の要因とともに考慮する冷静な対処も必要です。　　　　**【川本　哲】**

Q40 生後から分娩までのワクチンプログラム

生まれてから分娩までのワクチンプログラムを教えてください。

A

ワクチンとは

ワクチンは、感染症の病原微生物の成分をあらかじめ生体に接種し、免疫（抗体）を賦与してその病原微生物が生体内に侵入してきたときに増殖を防ぎ、発症を抑制するものです。

抗体は免疫グロブリンというタンパク質の一種で、特異性が高く、基本的にワクチンに使用された微生物にしか効果はありません。

抗体は白血球の一種であるBリンパ球で産生され、微生物と結合して直接その微生物を死滅させたり、微生物を取り込んで殺す機能を持つ好中球などの白血球に取り込まれやすくする効果を持っています。

ワクチンには微生物を死滅させてある不活化ワクチンと、病原性を弱くした微生物が生きた状態で含まれている生ワクチンがあります。不活化ワクチンは微生物が死滅しているので、安全性が高いのですが、免疫賦与効果は生ワクチンよりも弱く、免疫持続期間も短い傾向にあります。これに対して生ワクチンは免疫賦与効果は強いのですが、副作用が出やすい傾向にあり、妊娠牛には接種できないものがあります。

免疫賦与法

ワクチンを用いて牛に免疫を賦与する方法には大きく分けて２種類あります。

１つはワクチンを接種した生体自体に免疫を賦与するもので能動免疫といいます。抗体が血液中で産生され、それが全身を循環し、呼吸器や腸管などの局所にも運ばれます。血液中で十分な量の抗体が産生されるにはワクチン接種後、通常１～２カ月程度必要です。

もう１つは妊娠している母牛に接種し、その初乳を子牛に飲ませることにより免疫を賦与するもので受動免疫といいます。母牛の血液中で産生された抗体は初乳に多く移行するため、初乳中には常乳中よりも高濃度の抗体が含まれています。妊娠中には母牛の血液中に存在している抗体は胎子には移行しない、子牛は少なくとも１カ月齢までは自力で抗体を産生することができない、初乳からの移行抗体が高い場合は子牛にワクチンを接種してもワクチン効果が得られない―などの理由からこうした方法を取る必要があります。

子牛が初乳を飲むと抗体はほかの成分とともに腸管から吸収され血液中に移行します。移行した抗体は、能動免疫の場合と同様に全身を循環します。その際気を付けなければならないことは、子牛の腸管から抗体が吸収されるのは生後24時間以内に限られるということです。それは24時間以降になると子牛の腸管はタンパク質のような高分子量物質を吸収できなくなるからです。子牛が生まれたらなるべく早く初乳を飲ませましょう、と指導されているのは、初乳を飲むということには単に栄養を取るということのほかに、免疫が賦与されるという重要な意味があるからなのです。遅くとも生後12時間以内に飲ませる必要があります（**図1**）。

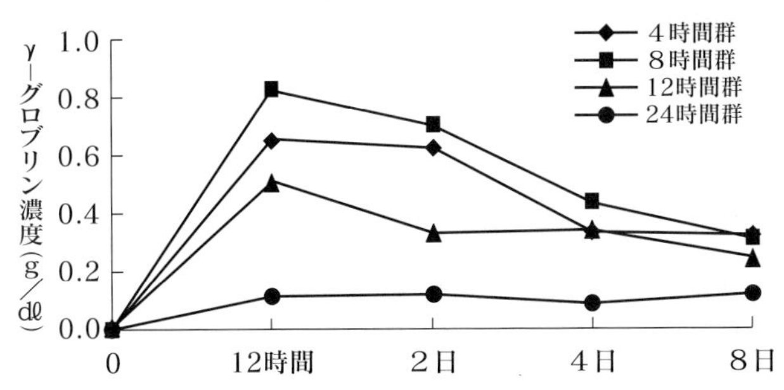

図１　出生後の初乳給与時間別γ−グロブリン濃度の推移
（北海道立新得畜試, 1974）

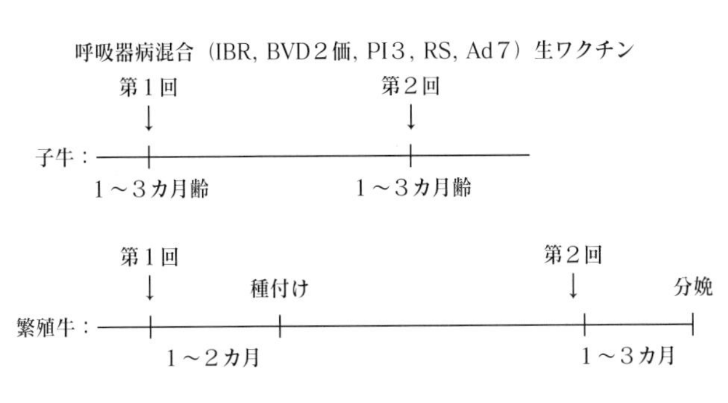

図２　呼吸器病ワクチンプログラム例

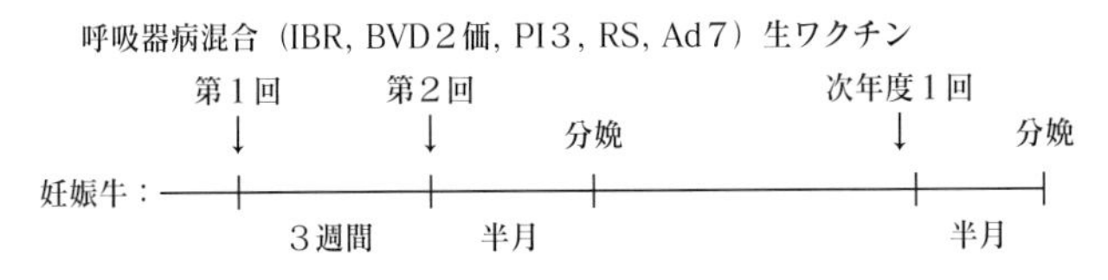

図３　消化器病ワクチンプログラム例

ワクチンの種類とプログラムの作成

ワクチンにはさまざまな種類のものが市販されています。どういう種類のワクチンを使用するか、どの時期に接種するかは、農場ごとに判断する必要があります。自分の牛群でどのような疾病が発生しているか、また、発生する危険があるかなどによりワクチンプログラムを作成することになります。そのためには疾病発生状況のほかに感染症の原因微生物に対する抗体保有状況なども把握する必要があるので、NOSAIや家畜保健衛生所の獣医師に相談してください。

代表的なワクチンを挙げると、まず、呼吸器病および消化器病のワクチンがあります。自動哺乳装置の普及に伴い、子牛を群飼育する農場が増えていますが、子牛は呼吸器病や消化器病に罹患（りかん）しやすく、群飼育では子牛同士の水平感染が起こりやすくなるため、免疫賦与が感染症のまん延を防ぐため重要となります。

呼吸器病ワクチンとしては、牛伝染性鼻気管炎（IBR）、牛ウイルス性下痢・粘膜病（BVD-MD）、牛RSウイルス感染症、牛アデノウイルス（Ad7）感染症、牛のパラインフルエンザ（PI3）の単体あるいは混合ワクチン（**図２**）、牛ヘモフィルス・ソムナス感染症、マンヘミア・ヘモリティカ感染症ワクチン、消化器病ワクチンとしては牛コロナウイルス（BCV）感染症、牛ロタウイルス（BRV）感染症、牛大腸菌性下痢症の単体あるいは混合ワクチン（**図３**）が市販されています。

そのほか、流死産や呼吸器症状などを起こす吸血昆虫媒介疾病に対するワクチンとして、牛流行熱、イバラキ病、アカバネ病、チュウザン病、アイノウイルス感染症、土壌病である炭疽（たんそ）、牛クロストリジウム感染症、破傷風の単体あるいは混合ワクチンなどが市販されています。

作成したワクチンプログラムについては、その効果についての定期的な検証が必要です。当初に期待した疾病予防効果、免疫賦与効果が得られているか、これも疾病発生状況や抗体保有状況から検証してください。効果が十分でない場合は獣医師の指導を受けてプログラムを変更してください。

【平井　綱雄】

参考文献

１.子牛の発育障害に関する試験　―乳用子牛に対する初乳給与について―（1974）、北海道立新得畜産試験場：昭和48年度北海道農業試験会議（成績会議）資料

２.牛の予防接種について、㈳全国家畜畜産物衛生指導協会

Q41 下痢症における便性状の違い・特徴

下痢は程度によっていろいろと分類されますが、それぞれにどのような意味・特徴があるのかを解説してください。また、下痢便と軟便はどう違いますか。

A 下痢症は種々の原因によって腸の運動が高進するとともに、腸での水分吸収が悪くなり、水分を多量に含んだ内容物を頻回排せつする状態の症候群名です。下痢症は成牛にも発生しますが、圧倒的に子牛に多く見られる病気です。一般に子牛は病気に対して抵抗力が弱く、特に下痢症では急速に衰弱し、重篤な場合は死亡することもあります。

下痢症は、原因による分類や下痢便性状による分類などがあります。質問の「下痢の程度」による分類とは、下痢便の性状による分類のことと思われます。

糞性状による分類

糞性状によって下痢は水様性、泥状、軟便などに分類されます。水様性は水のような下痢を何回も排せつするもの、泥状は泥のような下痢を排せつして尾部を汚しているものです。軟便は下痢便と正常便の中間的な性状で、正常便より水分が多く、下痢便より水分が少ないものです。軟便はこれから下痢になる場合や下痢から回復した場合にも見られます。また、下痢便の色調もさまざまで、便に血液や粘液などが混入する場合もあります。

脱水症状の程度を測る

子牛の下痢症では脱水、体液異常および酸血症が見られますが、下痢の原因によって発病時期や糞便性状などの臨床症状が大きく異なります。臨床症状の中では、特に脱水の程度を観察することが重要で、その判定のために〝皮膚つまみテスト〟が活用できます。子牛の頚部（けいぶ）の皮膚を指でつまみ上げた後、指を離して、元に戻るまでに何秒かかるかを測定することによって脱水の程度を大まかに把握することができます（**表1**）。下痢の程度による分類は、下痢の病勢を知るために観察しますが、治療や予防のためには、やはり下痢の原因を探る必要があります。

原因による分類

子牛の下痢症は原因によって感染性下痢症と非感染性下痢症に分類されます。

感染性下痢症

大腸菌やサルモネラなどの細菌、牛ロタや牛コロナなどのウイルス、コクシジウムやクリプトスポリジウムなどの原虫および消化管内線虫や乳頭糞線虫などの線虫による下痢があります（**表2**）。若齢牛、特に新生子牛は免疫機能が未熟なため、病原微生物に対する抵抗力が弱く、感染性下痢症が起こりやすくなります。成牛では感染性下痢症よりも非感染性下痢症が多く、急激な給与飼料の増加や飼料の変更の場合に発生します。

表1　子牛下痢症における脱水の程度と臨床所見
（診療指針Ⅰ, 2002）

脱水(%)	臨床所見	皮膚つまみテスト(秒)
<5		<2
6	皮膚弾力の減退、口腔の乾燥、結膜の充血	4～6
8	眼球の陥没、中程度の沈うつ、上記所見の増悪	6～8
10	口腔と四肢の冷感、起立不能、上記所見の増悪	8～10
12	ショック症状、横臥(おうが)、上記所見の増悪	20<
12<	昏睡(こんすい)、死亡	

表2　感染性下痢症の特徴(臨床病理検査要領,2005)

主な疾病	便の性状	症状・臨床病理学的所見	疫学所見
牛コロナウイルス病	乳白色～黄色水様	軽度の発熱、白血球減少症、脱水症	潜伏期1～2日、経過5～7日。年齢に関係なくほぼ群全体に発生。冬季に発生
牛ロタウイルス病	灰白黄色、淡黄緑色、乳黄色水様、ときに血便	脱水症、牛コロナウイルスや病原性大腸菌との混合感染が多い。重症例では脱水とアシドーシス、起立不能となって死亡	潜伏期1～2日、経過3～7日。年間を通じて発生するが寒冷期に多い。新生子牛(出生直後～5日齢)の発生割合が高い
牛の大腸菌性下痢症	水様便または白痢便	突発、急激な脱水、敗血症死	経過1～2日。生後2週齢ころまでの集団飼育子牛の発生割合が高い。生後間もない子牛では敗血症で死亡することもある。年間を通じて発生
牛のサルモネラ感染症	悪臭ある黄灰白色水様または粘血便	突発、発熱、食欲減退、脱水、敗血症死	潜伏期2～7日、経過2～7日(急性敗血症)。1～4週齢の集団飼育子牛群に多発。1～7日の経過で敗血症死
コクシジウム症	急激な粘血便	食欲減退・廃絶、衰弱、貧血	感受性は幼若な牛ほど高い。乳頭糞線虫との合併症例が多い
クリプトスポリジウム症	水様性白色下痢	食欲減退・廃絶、衰弱、脱水	オーシストはコクシジウムに比べて小型(4.85×5.0μm)。血便は見られないが、腸微じゅう毛の破壊後、各種ウイルスや細菌の2次感染で症状は増悪

非感染性下痢症

食餌性や脂肪性、腐敗性、発酵性などの消化不良性下痢のほか、胃(潰瘍＝かいよう)性下痢、神経性下痢、母乳の産乳量不足や成分異常に起因した母乳性白痢などがあります(**表3**)。

治療と予防

参考のため、下痢症の治療と予防の話をしましょう。当然のことながら早期発見に努め、治療は獣医師に依頼し、指示を仰ぐのが最も良い方法です。下痢症の原因療法として細菌性下痢症に対しては抗生物質、コクシジウム症に対してはサルファ剤、そのほかの寄生虫性下痢症に対しては駆虫剤を投与します。抗生物質は感受性のある薬剤を最大3日間程度、抗生物質の使用指針に基づいた適正量を投与し、薬剤耐性菌の出現に注意します。また、サルファ剤の過剰投与は腎尿細管変性による腎不全を継発する危険性があるので注意します。最近、子牛の下痢症におけるクリプトスポリジウムの関与が注目されています。現在のところクリプトスポリジウムに有効な薬剤はありませんが、ある種の生菌製剤を投与すると下痢症が改善され、オーシストも減少するといわれています。

一方、子牛下痢症の治療では脱水、体液異常および酸血症の改善を目的とした輸液療法が必須です。脱水の程度が軽度であれば断乳して経口補液を行い、脱水の程度が重度であれば輸液を併用します。

感染性下痢の予防としてはワクチン接種が推奨されており、最近では牛ロタウイルス・牛コロナウイルス・牛大腸菌性下痢症混合不活化ワクチンなどの多価ワクチンも普及しています。また、感染性下痢症の誘因として、子牛の感染防御能の低下や劣悪な飼育環境が関与しているので、その予防ではワクチン接種ばかりでなく初乳の適正給与や飼育環境の改善が重要です。

【佐藤　繁】

表3　非感染性下痢症の特徴(臨床病理検査要領, 2005)

主な疾病		便の性状	疫学所見
消化不良性下痢	食餌性	不消化便	不規則給餌・給水による腸のぜん動異常
	脂肪性	脂肪不消化のため白色泥状便	脂肪消化酵素、胆汁分泌不足、細菌(特に大腸菌)の異常増殖
	腐敗性	腐敗臭が強く、暗色泥状便	過剰あるいは不消化たんぱく質の摂取、消化酵素の分泌障害
	発酵性	酸臭を伴う淡褐色軟便で泡沫(ほうまつ)を含む	過剰あるいは不消化炭水化物の摂取、消化酵素の分泌障害消化不良のため、生じた発酵産物の刺激による腸ぜん動高進と浸透圧上昇が吸収不全を引き起こす
胃(潰瘍＝かいよう)性下痢症		不消化便	第一胃～第四胃の異常(ルーメンアシドーシス、胃粘膜びらん、潰瘍、便秘、変位、ねん転)による内容物の通過時間の変化
神経性下痢		不消化便	環境および飼養管理の不適正によるストレスが迷走神経を興奮させ、腸ぜん動高進や消化酵素分泌異常を引き起こす
母乳性白痢		不消化脂肪便	誤った初乳や代用乳の給与(温度管理の失宜、過剰給与、濃度誤認)

Q42 肺炎を知るためのモニタリング

肺炎にも段階があると思うのですが、スコアリングのような方法があれば教えてください。また、肺炎の始まりはどのように見つけるとよいのでしょうか。

A

発症の要因と症状

肺炎の重症度の判定方法や初期症状に関する質問ですね。肺炎も下痢症と同様、子牛にとってとても重要な病気です。肺炎の発生には牛RSウイルス、牛伝染性鼻気管炎ウイルス、牛パラインフルエンザ3型ウイルスなどのウイルス、マンヘミア・ヘモリチカ、パスツレラ、ヘモフィルスなどの細菌およびマイコプラズマなどの病原微生物のほか、アスペルギルスなどの真菌や牛肺虫などの寄生虫が関与しています（**表1**）。

最近、肺炎は、複数の病原微生物感染によって呼吸器症状が発現することから牛の呼吸器病症候群（BRDC）と呼ばれています。BRDCの発症には免疫機能や栄養状態などの牛の状態、輸送や寒冷感作、飼育密度などの飼育環境が関与しています。また、そのほかの肺炎として、乳汁や飼料、薬剤などの吸入に起因した吸引（誤燕＝ごえん）性肺炎やアレルギー性肺炎があります。肺炎の発生誘因としては、飼養環境の急変や悪化、初乳の給与不足、換気の不良、寒冷や暑熱ストレスなどがあります。

BRDCは病気の進行に伴って症状が変化します。初期には元気・食欲の減退のほか、発熱と呼吸速迫が見られます。病勢が進むとさらに発熱、呼吸困難、発せきが明瞭（めいりょう）になります。鼻汁は奨液性、粘液性あるいは膿（のう）性となり、開口して腹式・要力呼吸を呈するようになります。その後、慢性に移行すると栄養状態が低下し、被毛は粗剛となり、次第に削そうします。

スコアリングの内容・活用方法

肺炎の重症度の判定には「動物用抗菌剤の臨床試験実施基準」が応用できます（**表2**）。これは、子牛の呼吸状態、呼吸音、鼻汁、発せき、活力、食欲、体温を観察し、それらをスコア化して合計したものです。

判定の項目

呼吸状態については、外見上呼吸が速いのか、既に呼吸困難を呈しているのか。呼吸音は聴診上弱いのか強いのか、すなわち、異常な呼吸音が肺の一部で聴取されるのか、強い呼吸音や肺胞音あるいは肺胞ラッセル音が聴取されるのか。鼻汁は水様なのか膿性なのか。

表1 子牛の肺炎に関与する主な病原微生物と寄生虫

ウイルス	マイコプラズマ	細菌	真菌	寄生虫
牛RSウイルス	Mycoplasma bovis	Mannheimia haemolytica	アスペルギルス	牛肺虫
牛パラインフルエンザ3型ウイルス	Mycoplasma disper	Pasteurella multocida	カンジダ	
牛アデノウイルス(1, 2, 3, 7型)	Ureaplasm diversum	Haemophilus somnus		
牛伝染性鼻気管炎ウイルス		Arcanobacterium pyogenes		
牛ウイルス性下痢ウイルス		サルモネラ		
牛ライノウイルス(1, 2型)		大腸菌		
レオウイルス(1～3型)		ブドウ球菌		
牛コロナウイルス		連鎖球菌		
		壊死(えし)桿菌		
		緑膿菌		

表2　牛の細菌性肺炎における臨床症状のスコア

項目		スコア			
		0	1	2	3
呼吸状態		正常	やや速迫	速迫	困難
呼吸音		正常	弱	中	強
鼻汁		なし	水様	膿性	−
発せき		なし	散発	頻発	−
活力		正常	減退	消失	−
食欲		正常	やや不振	不振	廃絶
体温(℃)	1歳以上	38.0～39.5	39.5～40.5	40.5～41.5	<38.0または41.5<
	1歳未満	38.5～40.0	40.0～40.5	40.5～41.5	<38.5または41.5<

発せきはその頻度、活力、食欲はその程度を判定します。

体温は実際に直腸温を測定し、1歳未満の牛の場合、38.5～40.0℃はスコア0、40.0～40.5℃はスコア1、40.5～41.5℃はスコア2、38.5℃以下あるいは41.5℃以上はスコア3と判定します。スコアは正常な場合がスコア0、それぞれの項目では症状が悪いほどスコアは1→2→3と次第に大きくなります。

牛群の管理改善へ活用

これらスコアの利用方法ですが、単に患畜の重症度を判断するためにスコアリングするのではなく、牛群における呼吸器感染症の臨床的な特徴を明確にしたり、病原微生物の種類を推定したり、治療効果の判定や予防対策の効果判定などに活用することができます。

なお、BRDCの始まりをどのようにして発見するかについては、上記のように初期には元気・食欲の減退、発熱と呼吸速迫が見られ、さらに、呼吸困難や発せき、鼻汁の排せつなどの症状が見られますので、これらの症状に注意します。また、寒冷時には気温よりも乾燥によってBRDCが多発する傾向もあるので、気候の変化にも留意する必要があります。

治療と具体的な予防対策

早期発見・治療が重要

なお、肺炎の治療と予防について少し説明します。肺炎でも下痢症と同様、早期発見と早期治療がとても重要です。肺炎の治療では、病原微生物の侵入阻止や呼吸器症状の改善を目的として発病初期に抗生物質を投与します。抗生物質は病原微生物の種類や薬剤感受性、疫学情報に基づいて選択しますが、同一薬剤を3～5日間投与しても治療効果が認められない場合は、抗生物質の種類を変更します。

そのほか、呼吸困難の改善を目的として鎮せき去たん剤、気管支拡張剤・解熱鎮痛消炎剤を投与します。発病初期に副腎皮質ホルモン製剤を投与する場合は、抗生物質を併用するなど免疫機能抑制の副作用に注意します。

発症要因を取り除く

肺炎の予防では、何しろ発症要因を除去することが大切です。飼養環境の急変を避け、飼養環境における病原体の除去、子牛に対するストレスの軽減などが主眼となります。暑熱や寒冷時期には換気と消毒に努めること、密飼いを防止するためカーフハッチを使用することもよい方法です。

ワクチネーションプログラム

一方、BRDCの予防としては、それぞれの病原体に対するワクチンあるいは複数の病原体に対応した多価ワクチンの投与が推奨されています。牛呼吸器病のワクチンは生ワクチンと不活化ワクチンがあり、不活化ワクチンは4週間隔で2回接種しますが、牛伝染性鼻気管炎・牛ウイルス性下痢・粘膜病・牛パラインフルエンザ・牛RSウイルス感染症混合不活化ワクチンなどを用いた種々のワクチネーションプログラムが提案されています。

BRDCの発症や病勢には、病原微生物のほか宿主要因と環境要因が関与しているので、その予防ではワクチン接種とともに適正な飼養管理と良好な飼育環境を確保することがとても重要です。なお、BRDCは薬剤耐性菌の出現によって難治性を示す症例が多いようです。しかし、臨床的に治療効果が見られなくなった抗生物質でも、地域全体として一時的に使用を自粛するなど使用頻度をコントロールすることによって抗菌力が回復し、高い治療効果が認められるようになるようです。

【佐藤　繁】

Q43 肺炎にかかった子牛の管理

肺炎になってしまった子牛はどのように管理すればよいのでしょうか。

A 肺炎は発症しないように予防することが最も大切ですが、万が一、なってしまったらどうするかという現実的な質問です。

牛の呼吸器病症候群（BRDC）の発症には、病原微生物のほか宿主要因と環境要因が関与しており、また、免疫機能や栄養状態などの牛の状態、輸送や寒冷感作、飼育密度などの飼育環境が関与しています。従って、BRDCを予防するためにはワクチン接種を行うとともに、適正な飼養管理と良好な飼育環境の確保に留意し、飼養環境の急変や悪化、初乳の給与不足、換気の不良、寒冷や暑熱ストレスを軽減することが大切です。

早期回復のための治療方法

質問のように「肺炎になってしまったらどうするか」、「肺炎牛をどのように管理するか」は、病牛を早く回復させるために、また、ほかの健康な子牛に感染させないためにも、とても重要なことです。肺炎においても、下痢症の場合と同様、早期発見と早期治療がキーポイントです。

一般に病気の治療には薬物療法と看護療法があります。通常、薬物療法は獣医師が行い、看護療法は農家が担当します。実際、病気からの回復は看護療法の善しあしで決まると言っても過言ではありません。もし入院した経験のある読者であれば、下手な医者より看護師の献身的な看護のほうが、病気の回復にかなり有効だったと感じる方が多いと思いますが…。

看護療法の基本と実際

さて、その看護療法です。まずは患畜を隔

表　消毒の種類、特性および使用基準（診療指針II，1993）

種類		形状	特性		使用対象							使用濃度
			芽胞	有機物の影響	畜舎	器具	踏み込み槽	体表	手指	飲水・運動場	堆きゅう肥	
塩素系	さらし粉	粉末	有効	かなり受ける	○	○				○		20倍水溶液か粉末のまま
	次亜塩素酸ナトリウム	液体	有効	受ける	○	◎		○		○		100～200
	塩素化イソシアヌール酸塩	粉末	有効	ほとんど受けない	○	◎	○	○	◎	◎		50～300
	クロルヘキシジン	液体	無効	受ける				◎	◎			5,000
ヨードホルム		液体	有効	やや受ける	○	○		◎	○	○		100～1,000
逆生せっけん		液体	無効	かなり受ける	◎	○		◎	○	○		100～1,000
両性せっけん		液体	無効	受ける	◎	○		◎	○	○		200～2,000
クレゾールせっけん		液体	無効	ほとんど受けない	○	◎	○		○			20～50
クロロクレゾール		液体	無効	やや受ける	○		◎		○			50～100
フェノール誘導体		液体	無効	ほとんど受けない	○	○	◎					50～4,000
オルソジクロロベンゼン		液体	無効	やや受ける	○		◎				◎	50～100
生石灰		粉末	無効	受けない								2

離して症状をよく観察します。同時に肺炎の発症要因を除去するように心掛けます。なぜ呼吸器疾患が発生したのか、その原因を推定し、それを直ちに除去します。肺炎の場合、軽症例では乾燥して清潔な牛床を作成してストレス要因の軽減に努め、換気に十分に注意するとともに栄養管理に最善を尽くします。重症例では毛布などを用いて患畜を保温することもあります。

ちなみに下痢症の場合、発症初期で元気・食欲があり、脱水の程度が軽い場合、牛乳や人工乳の給与を中止するとともに、脱水症状を緩和する目的で水分や電解質を経口的に補給し、患畜の保温に努めます。

臨床所見や血液検査所見から脱水の程度を判定し、脱水や酸塩基平衡を改善する目的で、水分や電解質を補給する場合、静脈注射などによる非経口的補液ばかりでなく経口補液を併用します。経口補液としては電解質、重炭酸塩あるいはその前駆物質、ブドウ糖を含む補液剤を投与します。なお、子牛の肺炎における補液療法については、肺循環を増悪する可能性があるので、獣医師の指示の下慎重に実施する必要があります。

消毒の実施

肺炎の看護療法の基本は、牛床や牛舎を清潔で衛生的な状態に保ち、牛のストレスを極力軽減することです。従って、牛床や牛舎を衛生的な状態に保つために消毒がとても重要です。消毒剤は病原微生物を殺滅する薬物で、動物体には作用しないで病原微生物にのみに作用する消毒剤が理想的です。牛床や牛舎の消毒については、最近、消毒薬を泡状にして噴霧する方法なども考案されていますが、消毒剤の特性を理解し、消毒の目的に合わせて薬剤を選定し、規定の濃度（希釈倍率）で使用することが大切です。

導入・移動によるストレスに注意

肺炎の予防について少し追加しておきます。肺炎や下痢症は、導入後など家畜の移動後に発生しやすい疾病です。肥育素牛（もとうし）の導入時には輸送ストレスや群編成などの導入ストレス、給与飼料など飼養環境の急激な変化によって免疫機能が低下し、消化管内細菌叢（そう）が変化して肺炎や下痢症が多発します。導入後の肺炎や下痢症の発生は、その後の発育や飼料効率など生産性の低下要因となります。

肺炎対策としてはワクチン接種、抗生物質やビタミン剤の投与などがあります。ワクチン接種では省力化や経費節減などのために多価ワクチンが普及しています。ある種抗生物質の投与は細菌性肺炎の発生率低下や症状軽減に効果があり、ビタミンAやE、亜鉛の投与は肺炎の予防に効果があります。

また、下痢症対策としては導入直後における粗飼料の給与や生菌製剤の投与、寄生虫対策としての駆虫剤投与があります。導入後の疾病予防では、抗生物質や駆虫剤の投与ばかりでなく導入後２週間程度は牛をよく観察し、疾病の早期発見と早期治療に心掛け、１度編成した群に新たな牛を追加しないなど、適正な飼養管理に努めることが重要です。

【佐藤　繁】

Q44 農場内外の感染リスクから育成牛を守る手だて

農場内では育成牛から成牛へ、成牛から育成牛へ、また、農場の外から農場内、そして育成牛へというように、感染症のリスクが高まります。感染症から育成牛を守るにはどうするとよいでしょうか。

A

感染症とは

感染症は、ウイルス、細菌、原虫、寄生虫、真菌などの病原体が家畜の体内に侵入･増殖して起こる病気で、病原体の種類によって伝染性のものと非伝染性のものがあります。

農場で問題になるのは伝染性の感染症（伝染病）で、病原体を含んだ感染牛のせき、鼻汁、涙、尿、糞などと接触することでほかの家畜へと広がります。特に伝染力が強く悪性のものは、家畜伝染病予防法で法定伝染病や届け出伝染病に指定されており、家畜保健衛生所へ届け出なければなりません。

肺炎と下痢症

育成牛の重要な感染症は肺炎と下痢症です。どちらもありふれた病気ですが重症では死亡することもあります。また、回復しても、発育が悪い、乳量が伸びない、病気になりやすいなどの後遺症が残り、乳牛としての価値が低下する場合があります。

肺炎は病牛の導入によって農場に侵入することがほとんどですが、下痢症は病牛ばかりでなく長靴に付着した糞便を介しても伝ぱします。

写真１　農場専用の衣服
畜産関係者用に用意された農場専用の衣服

感染症の予防対策

農場に病原体を持ち込まない

予防のための最良の方法は、農場に病原体を持ち込まないことです。これを完全に実行できれば伝染病は絶対に発生しません。しかし、人の出入りをなくすことはできませんし、素牛（もとうし）の導入や放牧場への預託も必要です。このような状況を踏まえると、感染症を予防するには次の２つが大切です。

①衣服と長靴の衛生対策

農場専用の衣服と長靴を準備します（**写真１、２、３**）。また、長靴は農場に出入りするたびにブラシで底まで十分に水洗いし、踏み込み消毒槽で消毒します。長靴の洗浄・消毒は、農場に出入りするすべての人に実行してもらいます。踏み込み消毒槽はすべての出

写真２　長靴と踏み込み消毒槽
管理室に置かれた外来者用の長靴と洗い場横の踏み込み消毒槽

入り口に設置し、消毒液は毎日交換してください（**写真４**）。

②導入牛の着地検査

導入牛は家畜保健衛生所に伝染病の検査（着地検査）を依頼するとともに、10日間ほど隔離牛舎で観察して、異常がないことを確認してから本牛舎へ入れます。伝染病には、感染しても症状を表さない期間（潜伏期）があり、また、外見上は異常がなくても病原体を排出するものがあるからです。100％自家育成の場合を除いて、これは肺炎と下痢症のどちらに対しても最も有効な予防対策です。

隔離専用の牛舎は雨風がしのげればハウスなどでも十分です。農場全体を伝染病から守るためにも、ぜひ設置をお勧めします。

発生農場の対応

農場の牛が既に病原体に感染している場合の対応は、病原体によって違います。例えば、腸管に寄生して下痢を起こすクリプトスポリジウムには今のところ特効薬がないので、糞便が付着した壁や床、哺乳器具などの洗浄・消毒を徹底することが現実的な予防対策になります。また、BVDウイルス感染症は、免疫力が低下してほかの感染症にかかりやすくなるため、「万病の元」といえる重要な病気です。初妊の母牛が妊娠中にこのウイルスに感染すると、生まれた子牛がウイルスをまき散らす持続感染牛になることがあるため、放っておくと畜舎内で感染が繰り返され、農場に持続感染牛が増え続けるばかりか、もしも誤って市場に出荷すれば、市場のほかの牛を介して購入先の農場全体に感染を拡大させる恐れもあります。このため、積極的に乳汁や血液を検査して持続感染牛を摘発・淘汰することが必要です。この病気にはワクチンもあります。

牛の抵抗力を高める

家畜の抵抗力（免疫力）が十分に強ければ、例え病原体に感染しても体内で増殖できないため、発病することはありません。農場への病原体の侵入をゼロにできない現状では、これはとても重要なことです。

免疫力を高める最も手っ取り早く確実な方法はワクチンの応用です。しかし、通常１つのワクチンは１種類の病原体にしか効果がないため、多くの種類の感染症をワクチンで予防しようとすれば、ばく大な費用がかかってしまいます。また、肺炎や下痢症の原因となるすべての病原体用のワクチンが準備されているわけでもありません。このため、牛が本来持っている免疫力を常に高いレベルに保っておくことが大切になります。

最も有効な方法はストレスをなくして家畜を健康に保つことです。密飼いをしないこと、畜舎を清潔に保つこと、適切な飼料と清潔な水を与えること、夏の暑さ対策や冬の寒さ対策などは特に大切です。「食の安全・安心」に対する生産者の責任を果たすためにも、できる限り薬を使わない飼養管理方法を実践しましょう。

【漆山　芳郎】

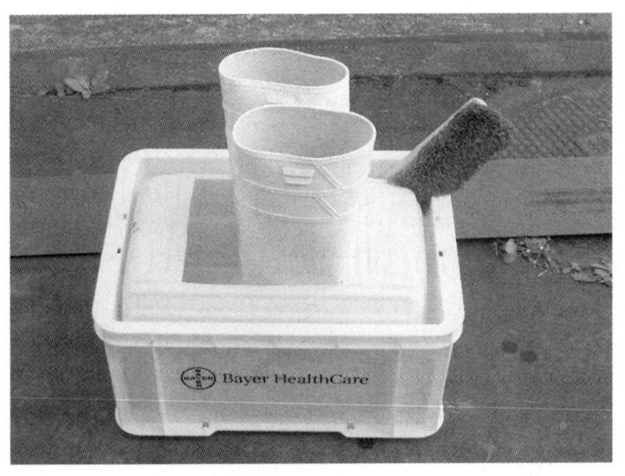

写真３　車載用長靴消毒セット
揺れても消毒液がこぼれにくい車載用長靴消毒セット。農場巡回などで使用する

写真４　畜舎入り口の踏み込み消毒槽
畜舎のすべての入り口に設置された洗い場と踏み込み消毒槽

Q45 コクシジウムなどの原虫対策

コクシジウムやクリプトスポリジウムなどの原虫対策を教えてください。

A 特徴と症状

コクシジウム

長径20～30μmほどの卵円形～楕円形の原虫で、動物の腸管内に寄生して下痢を起こします。糞便中に排出されるのはオーシストと呼ばれる感染性を持った原虫で、これを経口的に摂取することでほかの牛に感染します（**写真1**）。子牛など免疫力が弱い牛では水様の下痢便や血便を排出し、重症では死亡することもあります。発症は10日齢から1カ月齢の子牛に多く見られますが、ときには成牛でも症状を表すことがあります。

クリプトスポリジウム

直径5～7μmほどのほぼ球形をした原虫で、コクシジウムと同じく腸管内に寄生し、糞便中のオーシストを経口的に摂取することで感染します。感染すると黄色～暗緑色の水様～泥状下痢便を排出し、ときに血液が混じり、脱水が著しい場合は死亡することもあります（**写真2**）。生後1カ月齢未満の子牛に多く見られますが、発症時期はコクシジウムよりも早く、生後3日齢の子牛の下痢便からオーシストが検出された例もあります。一般的な下痢の治療に反応せず、経過が長引くのが特徴です。成牛が症状を表すことはまずありません。

診断

どちらも下痢便中のオーシストを顕微鏡で観察して診断します。コクシジウムは比較的簡単に見つけることができますが、クリプトスポリジウムはコクシジウムに比べて小さいため多少の慣れが必要です（**写真3**）。蛍光顕微鏡という特別な装置で観察すると、容易に発見することができます（**写真4**）。

治療

コクシジウムは、サルファ剤などの抗原虫薬で駆虫することができますが、クリプトスポリジウムには今のところ有効な薬剤がありません。このため、治療は補液や栄養剤などの対症療法になります。乳酸菌製剤や樹皮熱処理抽出製剤などを応用してある程度効果を上げたとの報告もありますが、確実ではありません。

予防

農場に病原体を持ち込まない

コクシジウムやクリプトスポリジウムは、感染牛の導入や感染牛が排せつした糞便を介して農場に持ち込まれます。このため、農場では専用の衣服や長靴を使用し、長靴は農場に出入りするたびに底まで完全に水洗して踏み込み消毒槽で消毒します。また、外部から導入した牛は10日間程度隔離観察し、下痢などの異常が見られたらすぐに家畜保健衛生所や家畜診療所に連絡します。

これらは、コクシジウムやクリプトスポリジウムに限らず、すべての感染症（伝染病）から農場を守る最も効果的な対策です。隔離観察は専用の施設が必要になりますが、長い

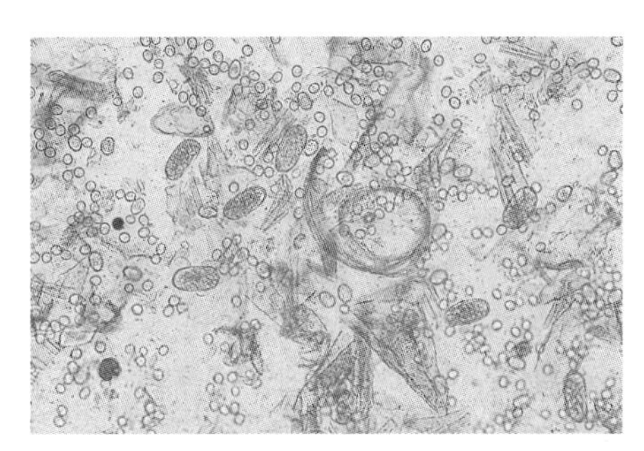

写真１　コクシジウムのオーシスト。卵形小体がオーシスト
写真提供：酪農学園大学獣医学部・福本　真一郎

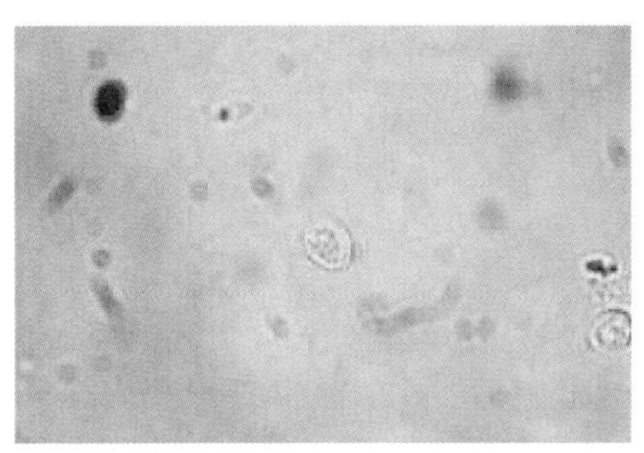

写真３　クリプトスポリジウムのオーシスト（中央と右下）

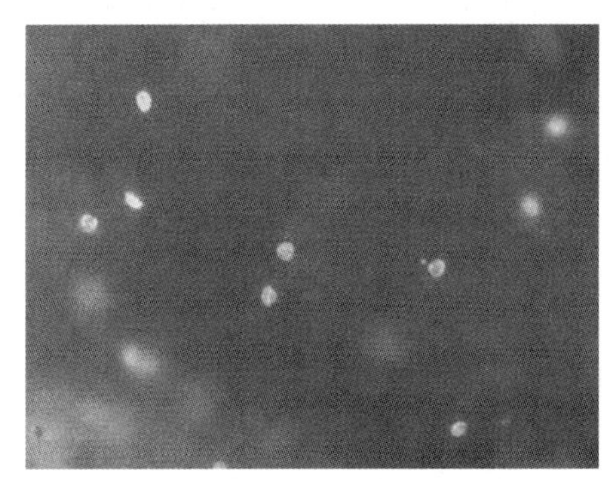

写真４　蛍光抗体法で見たクリプトスポリジウムのオーシスト。緑色に輝き容易に識別できる

目で見れば必ず利益になります。工夫して実行することを強くお勧めします。

牛の免疫力を高める管理

家畜の免疫力が強いときは、病原体が感染しても発病しないで済む場合があります。免疫力を高める方法としてはワクチンがありますが、コクシジウムやクリプトスポリジウムにはワクチンはありません。このため、牛が生まれながらにして持っている免疫力を最大限に引き出す飼養管理方法が重要になります。

写真２　クリプトスポリジウム症の子牛。黄色の泥状ないし水様便を示す
写真提供：酪農学園大学獣医学部・黒澤　隆

免疫力を高める最も有効な方法は、十分な栄養とストレスのない快適な環境を与えてやることです。特に密飼いをしないこと、畜舎環境を衛生的に保つこと、良質な飼料や水を給与すること―などが大切です。子牛のうちは冬期間の保温対策にも気を配る必要があります。

発生農場での対応

発生農場では、既に広い範囲にオーシストが存在すると考えなければなりません。しかし、オーシストは薬剤に対する抵抗力が強いため、消毒薬の噴霧だけではほとんど効果がありません。畜舎、設備、器具に付着した糞便を徹底して洗浄することが最も効果的な対応策になります。オーシストは熱に弱いため、熱湯で洗浄するとより効果があります。特に育成牛舎や子牛が直接口にする哺乳器具などは、常に清潔にしておくことが大切です。

人にも感染するクリプトスポリジウム

クリプトスポリジウムは、人にも感染して下痢を起こす人獣共通感染症です。国内はもとより、世界各地で水道水を介した集団感染や研究室での感染などの事例が報告されています。特に子供やお年寄りなどの免疫力が弱い人は感染しやすく、重症になることもあります。農場の従業員が下痢症の子牛を扱うときや、子供たちが農場見学に来たときには、手に付いた糞便が誤って口に入らないよう注意が必要です。また、オーシストが飲み水に混入するのを防ぐため、堆肥が堆肥場から絶対に流出しないよう万全の対応を取る必要があります。

【漆山　芳郎】

Q46 皮膚病の予防と対応策

ある施設に入れると必ず大半の子牛が皮膚病になります。予防策、対応策を教えてください。

A 質問の内容から推察すると、この皮膚病は、伝染性が強く施設内でまん延しやすい皮膚真菌症と思われます。

原　因

牛の皮膚真菌症は皮膚糸状菌症とも呼ばれ、主に白癬（はくせん）菌という真菌（カビ）が感染して起こる皮膚病です。白癬菌は、皮膚の角質層（アカ）や毛などの主成分であるケラチンというタンパク質を栄養源にしているため、通常は皮膚の表面～浅い部位に病変をつくります。人のタムシも白癬菌によって起こる皮膚病で、足にできると水虫、股にできるとインキンタムシ、体にできると（ゼニ）タムシ、頭にできるとシラクモと呼ばれます。

牛の皮膚真菌症を引き起こすのは、感染力が大変強い疣（いぼ）状白癬菌という種類です。この病気は、人にも感染する人獣共通伝染病の1つに数えられていますので、畜産農家や関係者は注意が必要です。

感染様式と症状

感染は発症牛との接触や、白癬菌が付着した壁、柱、床などに触れることによって起こります。特に若齢牛は感染しやすいため、フリーストール方式の育成牛舎や公共育成牧場などでは、群全体に急速にまん延することがあります（**写真1、2**）。

病変ができやすいのは頭や首で、特に目の周囲や耳の付け根などの柔らかいところに多く見られます（**写真3**）。感染の初期には、部分的なフケの増加と小さな円形の脱毛が見られるだけですが、進行すると病変は大きくなり、胴体や尻など全身的に広がることもあります。病変部の皮膚は厚く硬くなってわずかに盛り上がり、表面は灰白色を呈します。

写真1　皮膚真菌症（群飼養）
フリーストール方式では病牛を放置すると群全体にまん延する

写真2　皮膚真菌症（放牧場）
放牧場では飲水場や検査待機場などで感染が拡大しやすい

病牛はかゆみのために柱や壁に顔や首などをこすりつけるようになり、病変部に出血、細菌感染などによる炎症、かさぶたなどが見られることもあります。

牛の健康状態や畜舎環境などにもよりますが、皮膚の症状は1カ月～数カ月で自然に治ることが多いようです。また、1度この病気にかかると免疫を獲得するため、再感染しにくくなります。しかし、かゆみによるストレスを取り除くとともに、ほかの牛への感染を防ぐため、病牛を発見したときはできるだけ早く群れから離して、薬剤による治療を行うことが大切です。

なお、疣状白癬菌が人に感染すると、皮膚が柔らかい部分では円形の赤い病変、手指では不整形の白色病変などを形成します。

治療

真菌用の抗生物質（ナナオマイシン油剤：協和発酵工業㈱）の塗布が最も効果的です。1回の塗布で治ることが多いですが、重症の場合は10日後にもう1度塗布します。サリチル酸製剤（真菌用軟膏NZ：日本全薬工業㈱）やヨード剤（動物用イソジン液：明治製菓㈱、動物用ネオヨジン液：岩城製薬㈱など）の塗布も有効です。患部の肥厚が著しいときは、表面を硬いもので引っかいてから塗布すると薬剤の浸透がよく治りが早いようです。

集団発生の場合は、殺菌剤（クリアキル：田村製薬㈱、アストップ：明治製菓㈱など）の希釈液を牛体全体に噴霧するとともに、白癬菌が付着している恐れがある畜舎の壁や柱にも噴霧します。この方法は経済的ですが、効果が現れるまでには複数回の噴霧と比較的長期間を要します。目の周囲に病変がある場合は、塗布や噴霧した薬剤が目に入らないよう注意が必要です。

写真3　皮膚真菌症（病変）
両目の周りと鼻の上方に円形の白色病変が散発している

予防

皮膚真菌症は感染牛の導入によって農場にまん延しますので、市場から購入した牛や放牧場から下牧した牛は頭や首などをよく観察して、病変がないことを確認しなければなりません。しかし、この病気は感染してから明らかな症状が現れるまでの期間が長いため、すべての感染牛を摘発することは困難です。このため、通常の管理で発症牛を早期に発見して群から隔離し、治療を施すことが大切になります。

白癬菌に限らず多くの病原体は、牛が健康で免疫力が強ければ感染しにくく、逆に、栄養不足やストレスがあると免疫力が弱くなって容易に感染してしまいます。強い免疫力を維持するには次の2つのことが重要になります。1つは栄養状態を良好に保つために良質な飼料、特に良質な粗飼料を給与することです。特に若齢牛は消化機能が未発達なため、成牛以上に良質なものを給与してください。もったいないからと成牛が残した飼料をかき集めて給与する農場がありますが、これは絶対にしてはいけません。残飼は雑菌などが繁殖して変質していることが多く、栄養価と嗜好（しこう）性が劣ります。また、成牛が持っている病原菌が付着し、それが感染源となって発病する恐れもあります。

免疫力を維持するもう1つの方法は、ストレスが少ない快適な飼育環境を提供することです。密飼いを避けること、床を乾燥させること、冬場の温度管理を適切に行うこと―などは特に大切です。これらの対策は、本病だけでなくすべての感染症の予防にもつながります。

【漆山　芳郎】

Q47 未経産牛乳房炎の原因と対策

初乳を搾った時、既に乳房炎になっている牛や盲乳の牛がいます。これは未経産牛乳房炎で育成時の管理と関係があると言われました。この原因と対策を教えてください。

A 原因と予防

未経産牛乳房炎は夏季乳房炎とも呼ばれ、ほかの乳房炎とは原因菌や疫学が異なる疾病です。本症は急性化膿（かのう）性乳房炎であり、いったん本症に罹患（りかん）し、治療によって外見上治癒したように見えても、分娩後に泌乳能力が全くなくなる事例がほとんどです。

以前、北海道立畜産試験場が行った北海道内の調査では、発生は8～9月に多く（**図1**）、放牧中がほとんどを占め、月齢は13～18カ月齢が最も多い結果が得られました。

原因菌は、Arcanobacterium pyogenes、Peptococcus indolicus、Streptococcus dysgalactiae、Bacteroides melaninogenicus、Fusobacterium necrophorumなどで、S. dysgalactiaeが初感染菌で、これがA. pyogenesの乳房内への侵入、増殖をもたらすと考えられています。これらの細菌の伝ぱは、サシバエやアブなどの吸血昆虫の関与が指摘されています。また、乳房、乳頭に対する物理的刺激や外傷、牛が互いになめ合うこと、病牛の乳腺分泌液で汚染された敷料との接触なども要因として考えられています。

症状は、乳房の硬結、腫脹、熱感が認められ、疼痛（とうつう）を伴い、異臭を持つ化膿性の分泌液を出します。

治療には抗生物質が用いられますが、主要な原因菌であるA. pyogenesおよびS. dysgalactiaeは感受性のある薬剤によっても治癒率は高くありません。

従って、未経産牛乳房炎対策は予防が重要となります。予防は吸血昆虫対策が中心で、忌避剤を含有したイヤータッグの装着（**図2**）やポアオン製剤などが用いられますが、頭部や背部の防除には有効ですが、腹部や乳房に

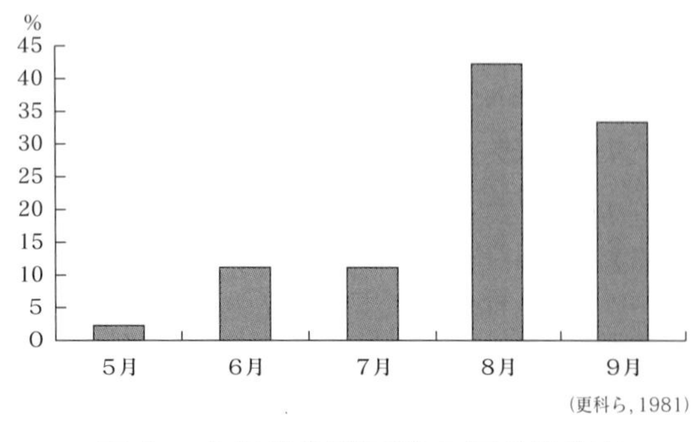

図1 未経産牛乳房炎の月別発生率

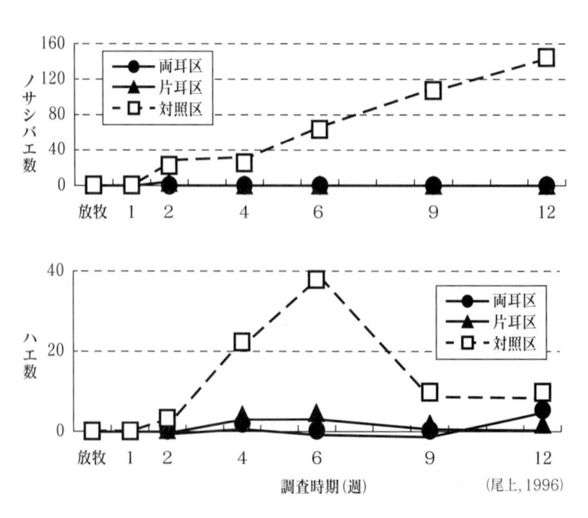

図2 イヤータッグのノサシバエおよびハエに対する忌避効果

表1　未経産牛の分娩前乳汁サンプルの細菌感染状況

牛(n=97)	分房(n=370)	臨床症状
96.9	74.6	29.0(牛)　15.1(分房)

注：数字は%　　Trinidad et al.(1990)

表2　未経産牛の分娩前乳汁サンプル中細菌分離割合

細菌種	分離率(%)
黄色ブドウ球菌	19.9
コアグラーゼ陰性ブドウ球菌	71.1
減乳性連鎖球菌	0.4
その他の連鎖球菌	3.3
ノカルディア	0.4
未同定	0.7
混合感染*	5.1

*：連鎖球菌とブドウ球菌　　Trinidad et al.(1990)

対する効果は必ずしも十分とはいえない場合もあります。また、多発地域では、予防目的で乾乳期用乳房炎軟こうを注入する方法もあります。さらに、牛群内で罹患牛が認められたときは、ほかの牛への伝ぱを防ぐために隔離することも対策の1つです。

一般的乳房炎にも感染の危険性

一方、分娩時に一般的な乳房炎原因菌に感染している場合もあります。アメリカでの4酪農場の調査で、未経産牛の分娩前の乳汁サンプルのうち黄色ブドウ球菌、コアグラーゼ陰性ブドウ球菌、連鎖球菌などの一般的な乳房炎原因菌が検出されたものが、70%以上（頭数では90%以上）にも上り、臨床症状を示したものが15%（頭数で29%）であったという報告があります（**表1**、**表2**）。これは極端な例ですが、いわゆる未経産牛乳房炎牛が認められないからといって乳房内が無菌状態に保たれているとは限らないことに留意する必要があります。このような乳房炎の予防対策としては、飼養環境の衛生対策に努め、乳房が泥や糞便などで汚れないようにすることが重要と考えられます。また、初乳の細菌検査を行い、乳房炎の原因菌が検出された場合は、その時点で抗生物質による治療を行うこともA. pyogenesやS.dysgalactiaeなどと違い、効果が期待できます。また、分娩2週前に乳汁を採取して細菌検査を行い、原因菌が検出されたら、泌乳期用乳房炎軟こうを注入する試みも行われています。注入しない場合と比較して分娩後に菌が消失する割合が高い結果が得られています。

乳房炎対策を考える上でまず、原因微生物を特定することが重要です。NOSAIや家畜保健衛生所に検査を依頼して、その結果を基に対策について相談するようにしてください。

【平井　綱雄】

参考文献

1.飯塚三喜、他（1979）：「牛の乳房炎」日本獣医師会

2.未経産牛乳房炎（夏季乳房炎）の防除法（1981）、北海道立滝川畜産試験場、同新得畜産試験場衛生科：昭和55年度北海道農業試験会議（成績会議）資料

3.肉用牛における殺虫用イヤータッグの衛生昆虫類に対する防除効果（1986）、北海道立新得畜産試験場衛生科：昭和60年度北海道農業試験会議（成績会議）資料

4.Trinidad, P.(1990). Prevalence of intramammary infection and teat canal colonization in unbred and primigravid dairy heifers. J. Dairy Sci. 73:107-114.

5.Blowey, R. & Edmondoson, P.(1999)：「酪農家と獣医師による牛の乳房炎コントロール」　チクサン出版社

6.Philpot, W.E. & Nickerson, S.C.(2001)：「乳房炎との戦いに打ち勝つために」デーリィ・ジャパン社

7.黄色ブドウ球菌による潜在性乳房炎の早期診断・治療システム（2004）、北海道立畜産試験場感染予防科：平成15年度北海道農業試験会議（成績会議）資料

Q48 育成方法（自家、預託）の選択基準は

自家育成をやめて搾乳に特化したいと考えています。自家育成と預託育成でコストはどのくらい違うのでしょうか？　また、自家育成か預託育成かを判断するための考え方や目安を教えてください。

A

コストの違い

表1、2に北海道内の主な哺育育成預託システムの1日1頭当たりの預託料金と預託期間別の預託料金を示しました。哺育から22カ月齢（分娩2カ月前）までの預託料金は、それぞれのシステムにより25万～30万円と差はありますが、平均すると1頭当たり27万円前後です。一方、自家育成費用は酪農経営ごとに異なりますが、哺育育成牛を預託している酪農経営者によると、「自家育成した場合の物材費および施設費は、預託料金の約半分程度（13万～14万円）、自家労賃を加味すると預託料金の4分の3程度となり、大体1頭当たり5万～7万円程度余分に払っている感じがする」という回答が多い。

頭数規模をどう考えるか

自家育成から預託育成に切り替えた場合、経産牛頭数規模が現状のままだと、省力化は図れますが、農業所得は減少します。減少した農業所得が納得できる範囲であれば、問題ありませんが、現状の農業所得を維持あるいは拡大させようと考える場合は、経産牛頭数規模の拡大を行う必要があります。

検討の目安

では、どの程度経産牛を増頭させればよい

表1　預託料金（1日1頭当たり）

単位：円

受託組織	預託期間	～6カ月齢	放牧料金	舎飼い料金	備　考
〈哺育育成一貫型〉					
A	分娩2カ月前	510	180	510	240日まで510円
E	分娩2カ月前	400	210	530	300日まで400円
G	分娩2カ月前	410	180～230	500	180日まで410円
M	分娩2カ月前	384～461	384～461	384～461	5年平均419円
N	17カ月齢	497			23万円/17カ月契約
	(30日まで800円、31～60日は500円、61日～510日は420円)				
〈哺育育成分業型〉					
H	8カ月齢	567			12万円/8カ月契約
	(60日まで800円、61～150日は500円、151日～240日は300円)				
O	3、6カ月齢	485			
	(90日まで560円、91日以降410円)				
Q	6カ月齢が主	400			
	(180日まで400円、181日以降425円)				

注：1）E牧場の契約料金にはワクチン駆虫、疾病、除角、削蹄などにかかる費用を含む
　　2）受託組織の記号は第1章1の表5に同じ

表2　預託期間別の預託料金

単位:円

受託組織	～6カ月齢	～12カ月齢	～17カ月齢	～22カ月齢
〈哺育育成一貫型〉				
A	88,230	163,431	219,181	274,932
E	69,200	140,952	200,331	259,711
G	70,930	136,785	192,168	248,305
M	71,230	146,650	209,500	272,350
N	−	−	230,000	280,000
	(E牧場後、自家育成(10,000円/月)した場合)			
〈哺育育成分業型〉				
H	−	162,510	215,647	268,784
	(F牧場後、引き続き町営育成牧場で育成した場合)			
O	86,520	168,112	236,105	304,098
	(G牧場後、引き続き町営育成牧場で育成した場合)			
Q	69,060	145,560	209,310	273,060

注:1)放牧日数:153日、舎飼い日数:212日とした。月齢は1カ月を30日とした
　2)受託組織の記号は第1章1の表5に同じ

1.(搾乳に特化した場合の)農業所得A＝昨年の経営実績－哺育育成牛の飼養に要した経費＋予想される預託料金

2.(搾乳に特化した場合の)経産牛1頭当たり農業所得＝農業所得A÷昨年の経産牛頭数A

3.目標とする農業所得を決める

4.目標達成に必要な経産牛頭数B＝目標とする農業所得÷経産牛1頭当たり農業所得

5.増頭する経産牛頭数＝目標達成に必要な経産牛頭数B－昨年の経産牛頭数A

6.増頭する経産牛を飼養するために、牛舎施設や家畜糞尿処理施設に余裕があるか？
自給飼料が不足しないか？　労働過重にならないか？

図　預託育成を検討する場合の目安について

のかを検討します。**図**を参考にしてください。まず、預託料金に含まれる内容や預託料金とは別に掛かる経費を確認した上で、昨年の経営実績から哺育育成牛の飼養に要した経費を引き、さらに預けた場合に想定される預託料金を加えます。この金額が搾乳に特化した場合の農業所得Aになります。この農業所得Aは、昨年の農業所得よりも少なくなっていると思います。農業所得Aを昨年の経産牛頭数Aで割れば、搾乳に特化した場合の経産牛1頭当たりの農業所得が分かります。おおむね10万～25万円の範囲にあるかと思います。15万円以下の場合は、預託育成を行う前に今一度、現状の経営改善を優先して検討してください。

次に、目標とする（必要とする）農業所得を決めます。目標達成に必要な経産牛頭数Bは目標とする農業所得を経産牛1頭当たり農業所得で除して求めます。増頭する経産牛頭数は、目標達成に必要な経産牛頭数Bから昨年の経産牛頭数Aを引いて求めます。目標達成のために経産牛をあと何頭増加すればよいかが分かりました。

果たして、その頭数は、現状の牛舎施設の稼働状況や家畜糞尿処理施設の余裕度から見て大丈夫か、自給飼料が不足しないか、家畜糞尿を散布する飼料畑が不足しないか、かえって労働過重にならないか—などについて検討します。また新たに牛舎や搾乳施設への投資を行う場合や飼料畑を購入する場合、増頭期間中は経営の収支計画だけでなく、資金計画をしっかり立てることが重要となります。

【原　仁】

Q49 初産分娩月齢を早めるための管理

初産分娩月齢を早めたいと考えていますが、そのためにはどの発育段階までがカギとなるのでしょうか？　また、交配開始の適期を判断するポイントを挙げてください。

A 発育段階別の要点

春機発動（8カ月齢）までの発育が重要

初産分娩を早めるためには、特に8カ月齢までの発育を停滞させないようにし、春機発動、その後の性成熟を迎えるようにすることが重要です。8カ月齢までの間、特に6カ月齢以降に著しい発育停滞（図）があると春機発動は遅れ、その後の発情兆候も不明りょうとなり授精が遅れます。

授精開始の目標が12カ月齢であれば日増体量としては0.9kg程度が目安となります。ホルスタイン種でこのような発育をさせる場合には乳腺の発達を阻害しないように、大豆かすなどの高タンパク質飼料や栄養価の高い粗飼料を準備するなどしてCP含量が16％程度となるよう工夫するとよいでしょう。また、この時期に肥満ややせ過ぎにならないように、BCS（ボディーコンディションスコア）をチェックしながら飼料を微調整することが重要です。BCSは3.25程度が望ましく、3.5を超えないようにします。タンパク質は体高を伸ばし、エネルギーは体重を増加させるので、このタンパク質とエネルギーのバランスをうまく取る必要があります。

また、骨の成長にはカルシウムなどのミネラルが必要なので炭カルを飼料に添加したり、セレンなどを含む固形塩を与える必要があります。

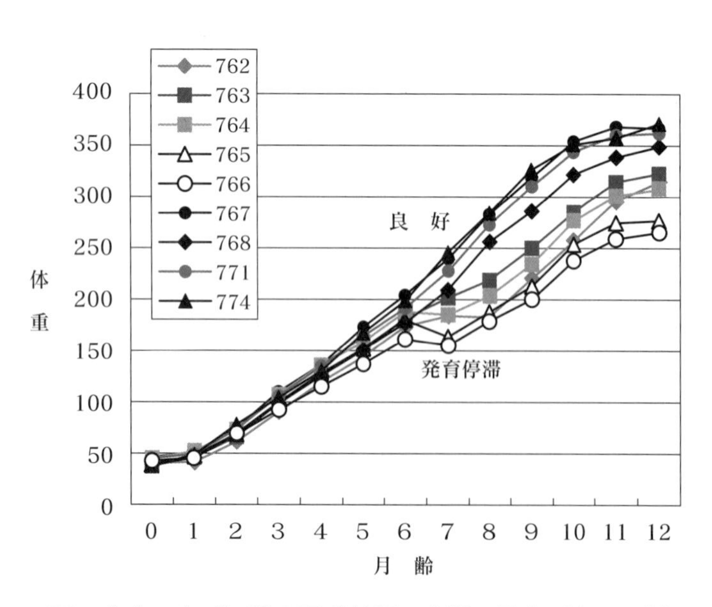

図　ホルスタイン種の育成前期～中期の発育パターン例

授精時期の栄養バランスと受胎

目標とする時期に発情を発見し、受胎させることが初産分娩を早めるためには重要です。タンパク質水準が高過ぎると卵胞嚢腫（のうしゅ）や嚢腫様黄体が発生しやすくなるので、この時期にも栄養バランスを適正に保つ必要があります。つまり、血液尿素窒素（BUN）濃度が10～14mg／dℓ程度（放牧でも17mg／dℓを超えないように）となるように、うまくバランスを取ることが重要です。また、エネルギーが不足すると受胎率が低下するので、粗飼料は十分に採食させる必要があります。

妊娠期の管理

表1　育成牛の発育を向上させ授精開始を早めた場合の初産分娩月齢と分娩、繁殖および泌乳成績との関係

初産月齢		頭数	受胎時(育成)		初産次分娩成績					初産次繁殖成績				泌乳成績
区分	平均		体重 kg	体高 cm	母牛体重 kg	母牛体高 cm	子牛体重 kg	分娩難易度	子牛事故率 %	初回授精日数	空胎日数	最終受胎率 %	除籍率 %	305日乳量 kg
20～22	21.1	15	345	125	531	138	39	2.00	6.7	69	89	86.7	13	7,298
22～24	22.8	18	367	128	551	140	42	2.29	16.7	69	109	83.3	6	7,049
24～	26.7	20	454	133	626	142	41	2.55	15.0	91	110	50.0	35	7,951
全体	23.8	53	393	129	566	140	41	2.31	13.2	76	103	71.7	19	7,475

注:母牛体重は分娩直後の体重、出生子牛はすべてホルスタイン種、子牛事故率は死産･生後直死の割合

表2　ホルスタイン種の交配開始適期の指標(サイン)

項　目	指　標
性成熟	発情行動(スタンディング)が見つかる 発情後出血が起こる
体格発達	体高が125cmに達する 体重が350kgを超える(またはBCS:3.25～3.5)

受胎後の発育にも注意が必要です。初産分娩の際に体高などフレームサイズが小さいと難産を招く可能性があるとされています。初産分娩時のトラブル、特に、分娩事故や周産期病を防ぐには分娩２カ月くらい前からの飼養管理が重要となります。ポイントは肥満にさせない、飼料摂取量を低下させない―ことです。

53頭の初産牛について初産分娩月齢と分娩、繁殖ならびに泌乳との関係を調べました。初産分娩月齢の区分別に成績を見てみると、乳量がいくらか減少する傾向はあるものの20～21カ月齢、22～23カ月齢の初産分娩でも、24カ月齢で初産分娩した牛と大きな差はないことが分かります（**表１**）。発育を高めるような飼養管理を行っている牛群では、かえって受胎が遅れると過肥などの問題が生じ、初産次に周産期病が多発します。24カ月齢以上の初産分娩で除籍が増えているのはこのためです。このように、24カ月齢未満で初産分娩する牛でも受胎後の発育が良好であれば、24カ月齢以降に分娩した牛に比べ分娩事故が多発することはなく、分娩後に良好な繁殖成績が期待できます。

交配開始時期の目安

「性成熟」と「体格」の２つの要素

交配開始の適期を考える場合①育成牛が〝性成熟〟に達しているか、②〝体格〟が基準に達しているか―の２点から判断するとよいでしょう（**表２**）。

発育の良好な育成牛では８カ月齢で春機発動が起こりますが、発育がいくら良くてもこれ以上早まりません。また、春機発動から性成熟に達するまでには３カ月近くを要します。従って、いくら発育がよくても11カ月齢以前に授精を開始するのは好ましくありません。性成熟の判断の目安は、〝発情行動（スタンディング）〟と〝発情後の出血〟です。これらのサインが見られるようになったら性成熟完了です。

交配開始の体格としては、体重350kg、体高125cmが１つの基準になります。牧場によっては体高をこれより高い基準としているところもあります。これは分娩までにどれくらいの発育をさせることができるか、つまり妊娠期の飼養管理とも関連してきます。すなわち、良好に発育（日増体0.7kg程度）させられるなら前述の基準で問題ありませんが、発育がこれを下回ると想定されるならもう少し高い基準が好ましい場合もあるかもしれません。しかし、適期に授精を開始したほうが繁殖はスムーズにいく場合が多いようです。

【草刈　直仁】

Q50 除角、副乳頭処理、断尾の実際

除角、副乳頭処理、断尾などはどの時期に行えばよいのでしょうか？　また、それぞれの方法と要点、利点を教えてください。

A

断尾には賛否両論

乳牛とともに生活するに当たり、できればないほうが好都合な器官を積極的に除去することがあります。以下の3点について積極的除去の理由を**表1**にまとめてみました。特に断尾については次のように賛否両論あります。

否定派＝牛本来の姿から逸脱している、アブやハエを尾で追えないのはかわいそう、やってみたら傷口が化のうしてかわいそうだった—など。

賛成派＝断尾をして乳質改善の目的を達した、断尾をしたことで牛にたたかれなくなり、自分も牛に優しくなった—など。

いずれにせよ、自分の意見をしっかり持ってほしいものです。ただし、「傷口が化のうして…」は論外で、正しい知識と実践があればこのようなことはありません。つまり、これらの作業は、多少なりとも牛の体を傷つけるものですから、もしやるとなれば牛に対して敬意を払い、必要最小限のストレスで行いたいものです。

除角の実際

現在行われている方法と、その問題点を**表2**に示しました。

除角作業は近隣の青年団が年1、2回行うことが通例のようです。大勢で他人の牛舎に向かうと、自分が牛飼いであることを忘れて、牛に対しひどい扱いをする人が見受けられます。また、除角器での除角では、角が確認される1、2カ月齢までを次回しとすることがあります。そうなると、その分対象牛の体格が増し、やむを得ず数人で保定することになり、結果お祭り騒ぎのようになってしまいます。しかも10カ月齢を超えると、角が太過ぎて、いわゆる除角器ではできません。しかしキーストン断角器では角ばかりか頭がい骨を割ることがあります。結果、副鼻腔炎から脳を圧迫し、沈うつ、ときに廃用となることも

表1　乳牛の器官を除去する理由

	除去による利益	不利益（あったほうがよい）	現在の認知度
1．除角	闘争による危険の防止	ロープを掛けやすい／従順？	○
2．副乳頭	発達・泌乳の防止	ない	○
3．断尾	牛体汚染防止／危険防止	虫の追い払い／外観	△

表2　除角の方法と問題点

	時期	人員	使用器具※	問題点
除角	年1・2回	青年団など	焼きゴテ／除角器／断角器	保定による牛、人のけが。大出血・その後の化のう。牛が捕獲場所や人を嫌がる

（※キーストンは除角器ではなく断角器であり、スパッと切れない。バキッと割るのである）

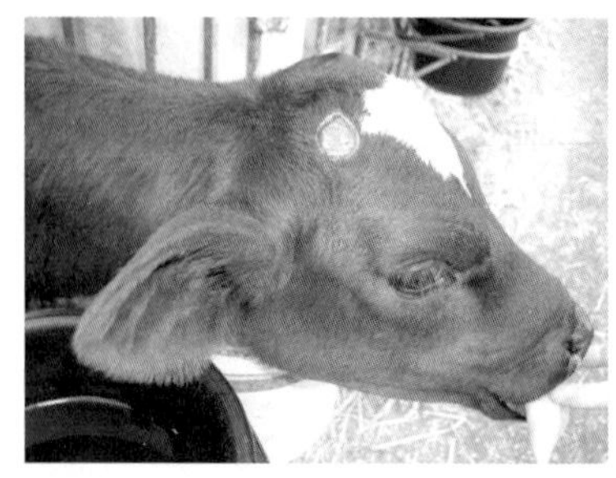

写真　ペースト状除角剤を使用した子牛の頭部（1週間目）。塗布した部分の被毛が脱落している

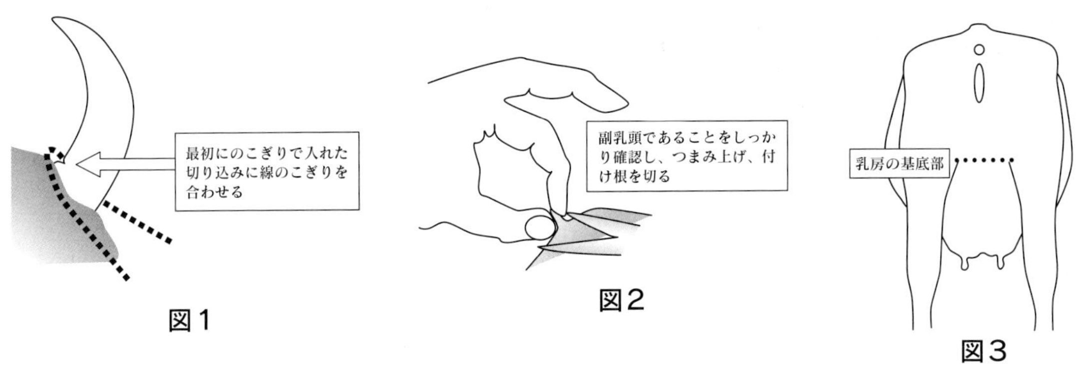

図1　図2　図3

あります。

線のこぎりによる除角

そこで、除角器が適応できないほどの太い角には、線のこぎりを使います。角の付け根に普通ののこぎりで傷を付け、そこに線のこぎりを掛けて左右交互に引き切るやり方です（**図1**）。線のこぎり法は、血管がよじれ、摩擦熱が発生するため出血が比較的少なくて済みます。除角時の止血は、ティッシュペーパーか、アルコールを含んでいない清潔な綿花を傷口に軽く詰めます。不潔な鉗子（かんし）で血管を探ったり、むやみに焼くことは、決して正しい処置とはいえません。

焼きゴテおよび除角ペーストの利用

一方、焼きゴテ式の除角器は、角がほんの小さいうちには使えますし、除角器で除角した後、確実に角芽を死滅させるため使用することもあります。出生翌日から約3週齢までの除角法で、強アルカリの除角ペースト（輸入）もあります（**写真**）。

副乳頭切除

最も困る状況は、切除時期を逸して、乳管や乳腺が成熟し、泌乳が始まってしまった場合です。この場合、切除しただけでは解放された管腔から感染してしまう危険性が高まるので、外科的に閉そくさせる処置が必要となります。農場によっては、出生直後にへその処置と同時に行っています。乳房部分の被毛をかき分けてよく観察し、それらしい隆起があれば指（鉗子あるいはピンセット）でつまみ上げ、はさみで切り、2％イソジンなどで消毒します（**図2**）。いずれにせよ、遅くとも初産分娩の2カ月前までには処置したいものです。

断尾の実際

実施時期は、あまりに早い（4、5カ月まで）と長さが安定しません。短過ぎると陰部に刺さり込み不潔になり人工授精時などに尾を持てず不便です。長過ぎると〝凶器〟になります。搾乳の邪魔にならないように、また分娩時には切断端が治癒していることを考えると、分娩の約1カ月前に行うとよいでしょう。

断尾する位置は、乳房の基底部（**図3**）あるいは陰部の下2つ拳（こぶし）分の辺りが適当です。通常は虚血・壊死（えし）させておき、切断する方法を取ります。虚血には去勢用ゴムリングが適当です。ビニールテープを巻く方法では虚血・壊死まで約2週間必要で、しかも失敗することがあります。原因は、血管をしっかり止められなかった場合です。血管は、尾の腹（下）側にあるので、テープを巻くときに、特に尾の下を通すときにしっかり引っ張って緊張させるべきです。

このようにして虚血・壊死したらその位置から末端側は冷たく感じられます（去勢用ゴムリング装着後では約2時間）。その冷感が確認できたら、虚血部位の約1、2cm末端側を、〝太枝切りバサミ〟などの丈夫で切れ味のよいハサミで切断します。切断後は数滴の出血がありますが、持続的に出血したり痛みを伴うようであれば、壊死が不十分なので、もう1重ゴムリングを掛けます。尾の切断面はもちろん、ハサミの消毒は1頭ずつ行います。術後も局部のはれ、化のうに注意し、また、全身症状について1週間程度必ず観察すべきです。

【阿部　紀次】

仔牛の育成に最適なハッチ類

(46240)
FRP製カーフハッチAF220P パドック付
本体価格 76,000円 (税込価格79,800円)
高さ1.30m、間口1.25m、奥行2.23m
パドック:高さ1.05m、間口1.30m、長さ1.40m

(46232)
FRP製カーフハッチ(USA)
チェーンタイプ・フェンスタイプ(写真はチェーンタイプ)
哺乳ビン、バケツ付
本体価格 89,000円 (税込価格93,450円)
高さ1.37m、間口1.40m、奥行2.20m

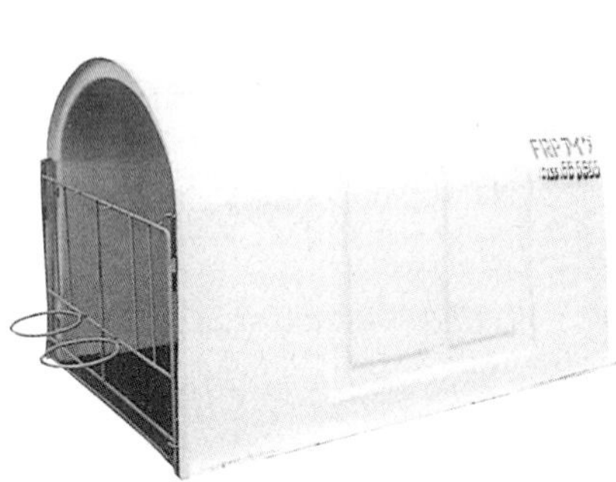

(46242)
FRP製カーフハッチAF220M
前柵付
本体価格 72,500円 (税込価格76,125円)
高さ1.30m、間口1.25m、奥行2.23m

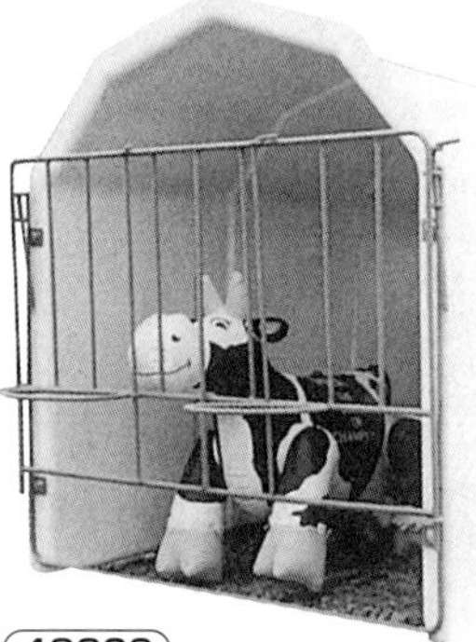

(46220)
和牛用ハッチ AF185M
本体価格 63,000円 (税込価格66,150円)
高さ1.23m、間口1.10m、奥行1.85m
和牛用ハッチAF185P パドック付
本体価格 66,500円 (税込価格69,825円)

(46234)
ローヤルハッチ
本体価格 60,000円 (税込価格63,000円)
高さ1.40m、幅1.57m、奥行2.49m

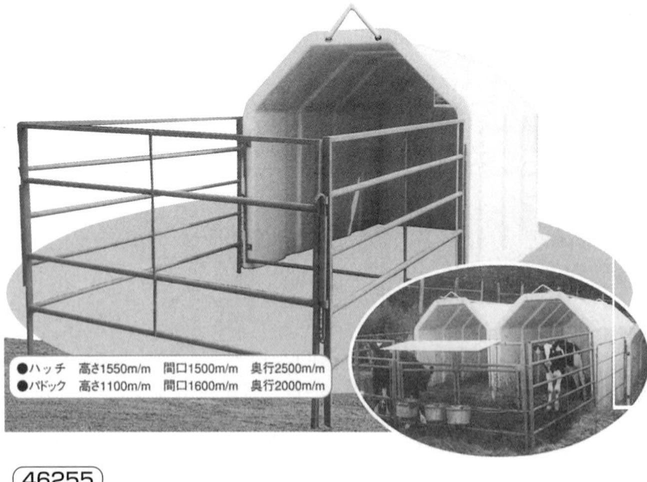

(46255)
Gハッチ
本体価格 165,000円 (税込価格173,250円)
高さ1.88m、横幅2.77m、奥行2.57m
入口寸法1.42m×1.19m

(写真は特大)
送料実費

NEW

仔牛用サークル ※写真のバケツは別売です。

(46300) 特大 **本体価格 42,000円** (税込価格44,100円)
幅1,600×奥行2,000×高さ1,100cm

(46302) 大 **本体価格 25,000円** (税込価格26,250円)
幅1,300×奥行1,400×高さ1,000cm

(46304) 中 **本体価格 20,000円** (税込価格21,000円)
幅1,100×奥行1,400×高さ1,000cm

(46306) 小 **本体価格 16,000円** (税込価格16,800円)
幅900×奥行1,400×高さ1,000cm

デーリィマン社 TEL 011-261-1410(札幌) FAX 011-209-0534(札幌)
TEL 0155-25-3031(帯広) FAX 0155-28-2337(帯広)
当社は土曜、日曜、祝日は休業です
URL http://www.dairyman.co.jp/ Eメール kanri@dairyman.co.jp フリーダイヤル 0120-369-037

哺乳・育成 Q&A
自分でつくる搾乳後継牛

DAIRYMAN　夏季臨時増刊号　定　価 1,920円
本体価格 1,829円
(送料 130円)

平成18年4月25日印刷／平成18年5月1日発行
発行人　岩船　修／編集人　西本　幸雄
発行所　デーリィマン社
http://www.dairyman.co.jp/

札幌本社　札幌市中央区北4条西13丁目
TEL(011)231-5261　FAX(011)209-0534
東京本社　東京都豊島区北大塚1丁目26-7
TEL(03)3915-0281　FAX(03)5394-7135
帯広営業所　帯広市西6条南1丁目
TEL(0155)25-3031　FAX(0155)28-2337

ISBN4-938445-27-1 C0461 ¥1829E

印刷所　㈱DNP北海道